Heinrich Hübscher, Jürgen Klaue

Grundlagen
elektrischer Betriebsmittel

1. Auflage, 2006
Druck 3, Herstellungsjahr 2010

© Bildungshaus Schulbuchverlage
Westermann Schroedel Diesterweg Schöningh Winklers GmbH, Braunschweig
www.westermann.de

Redaktion:	Armin Kreuzburg
Verlagsherstellung:	Harald Kalkan
Druck und Bindung:	westermann druck GmbH, Braunschweig

ISBN 978-3-14-**22 2503**-6

1 Stromkreis 5

1.1 Aufbau.. 5
1.2 Elektrische Spannung 6
1.3 Elektrischer Strom............................. 7
   Aufgaben 8
1.4 Messen von Stromstärke und
   Spannung 9
1.5 Elektrischer Widerstand.................. 11
   Aufgaben 11
1.6 Leistung und Arbeit 12
   Aufgaben 13

2 Abhängigkeiten im Stromkreis 14

2.1 Spannung und Stromstärke.............. 14
   Aufgaben 17
2.2 Widerstand und Stromstärke 17
   Aufgaben 18
2.3 Widerstand und Leistung 19
   Aufgaben 21
2.4 Schaltungen mit Widerständen...... 22
2.4.1 Grundschaltungen 22
2.4.2 Gesamtwiderstände........................ 24
   Aufgaben 25
2.4.3 Gruppenschaltungen 26
   Aufgaben 27
2.4.4 Messung von Widerständen 28
   Aufgaben 29, 30
2.5 Widerstand von Leitern 31
   Aufgaben 33

3 Spannungserzeugung 35

3.1 Wechselspannung 35
3.1.1 Darstellung 35
3.1.2 Entstehung....................................... 36
3.1.3 Grundgrößen 37
3.1.4 Leistung 38
   Aufgaben 39
3.1.5 Darstellung von Wechselgrößen 40
   Aufgaben............................. 41, 42
3.2 Drei-Phasen-Wechselspannung 43
3.2.1 Spannungen in
   Verbraucheranlagen 43
3.2.2 Entstehung der Spannungen........... 45
   Aufgaben 46

3.3 Gleichspannung 47
3.3.1 Kenndaten von Batterien 47
3.3.2 Akkumulatoren................................ 49
   Aufgaben 49
3.3.3 Fotovoltaikanlagen 51
   Aufgaben 51
3.3.4 Spannungsverhalten 52
   Aufgaben 52
3.3.5 Schaltungen von
   Spannungsquellen 53
   Aufgaben 53

4 Spulen und Kondensatoren 55

4.1 Spulen in Leuchtstofflampen-
   Schaltungen 55
   Aufgaben............................. 55, 57
4.2 Widerstand der Spule....................... 58
   Aufgaben 59
4.3 Reihenschaltungen mit Spulen
   und Wirkwiderständen 59
   Aufgaben 63
4.4 Parallelschaltungen mit Spulen
   und Wirkwiderständen 64
   Aufgaben 65
4.5 Kondensatoren 66
   Aufgaben 68
4.6 Widerstand des Kondensators........ 69
   Aufgaben 70
4.7 Schaltung mit Kondensatoren
   und Wirkwiderständen 70
   Aufgaben 72
4.8 Reihenschaltungen mit
   Spulen, Kondensatoren
   und Wirkwiderständen 72
   Aufgaben 73
4.9 Parallelschaltungen mit
   Spulen, Kondensatoren
   und Wirkwiderständen 74
   Aufgaben 75

Stichwortverzeichnis................................ 76
Bildquellenverzeichnis 84

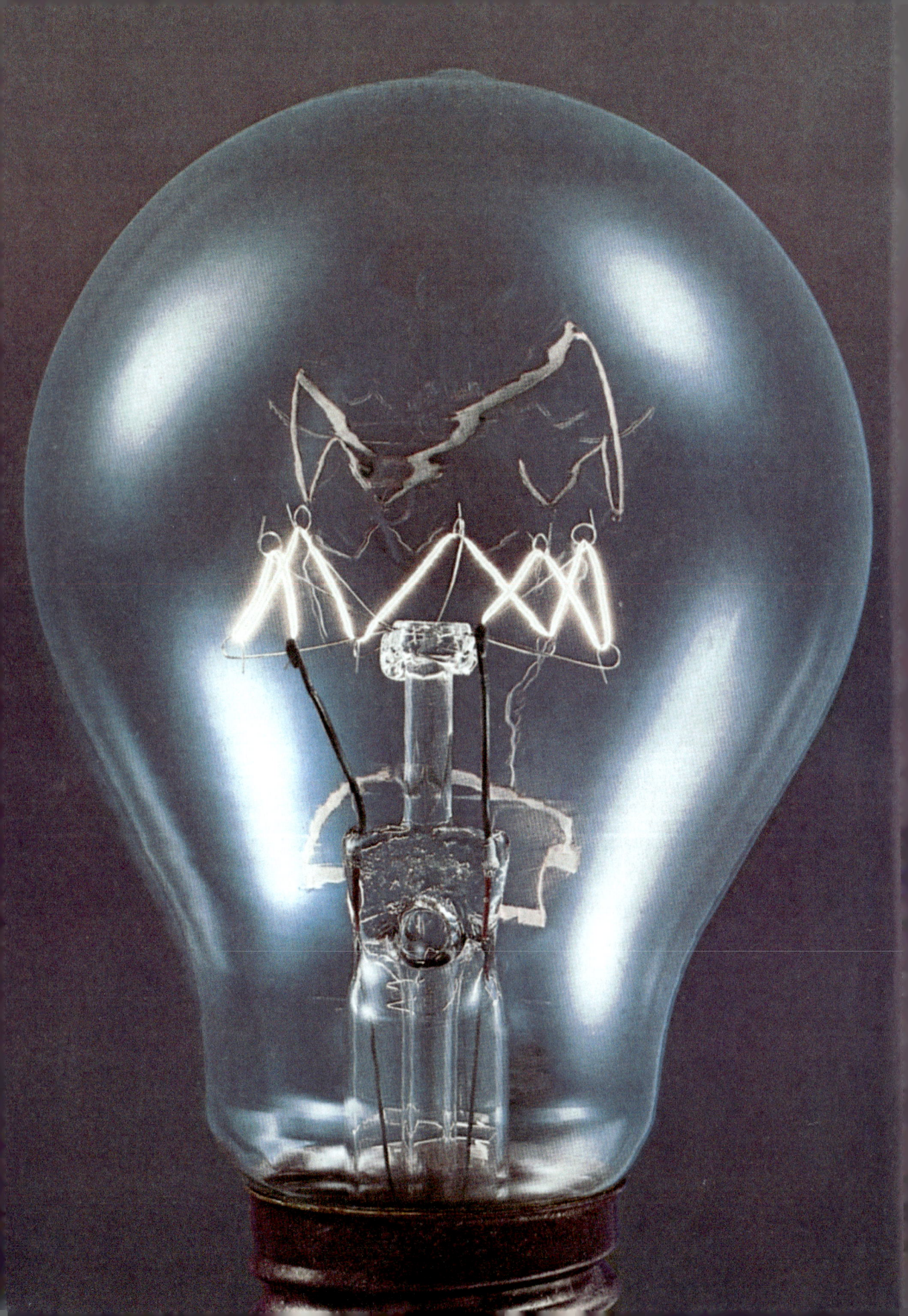

1 Stromkreis

Elektrische Anlagen können in folgende Bereiche unterteilt werden:

- **Erzeugung** elektrischer Energie,
- **Verteilung** elektrischer Energie und
- **Umwandlung** elektrischer Energie in andere Energieformen.

Außerdem muss der Elektrofachmann eine Reihe elektrotechnischer Grundlagen beherrschen, um in elektrischen Anlagen arbeiten zu können. In den ersten beiden Kapiteln dieses Moduls werden Ihnen die wichtigsten Grundbegriffe und grundlegenden Zusammenhänge vermittelt. In Kap. 3 wird die Erzeugung der elektrischen Spannung besprochen, während das Kap. 4 drei wesentliche Energiewandler und deren Schaltungen erläutert.

1.1 Aufbau

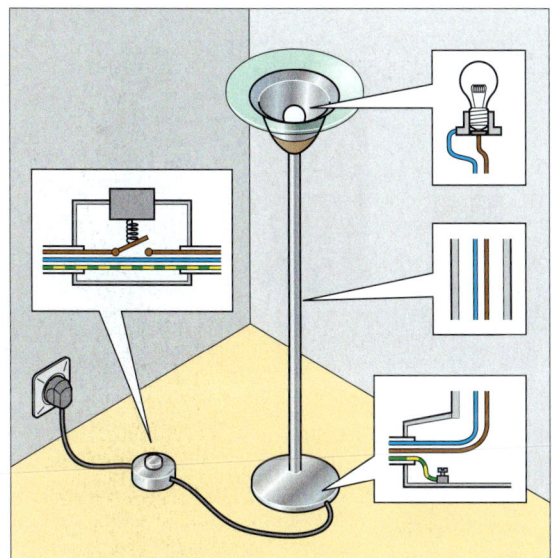

1: Stehleuchte mit Schalter

Anhand dieser Stehleuchte, die über einen Schalter an eine Steckdose angeschlossen ist, werden wir den **Stromkreis** und andere wichtige Größen erläutern.

In Abb. 2 sind die vorhandenen Geräte und Leiter durch Symbole dargestellt. Sie geben nur die elektrische Funktion der Geräte (Fachwort: Betriebsmittel) wieder, nicht aber deren technische Ausführung. Diese Darstellung heißt **Stromlaufplan.**

Zur weiteren Vereinfachung haben wir alle Geräte und Anlageteile der Stromversorgung (einschließlich der Steckdose) zu dem Symbol G1 zusammengefasst. Wir nennen sie **Energiequelle.**

Wie aus dem gezeichneten Schalter in Abb. 1 erkennbar ist, wird nur der braune Leiter geschaltet.

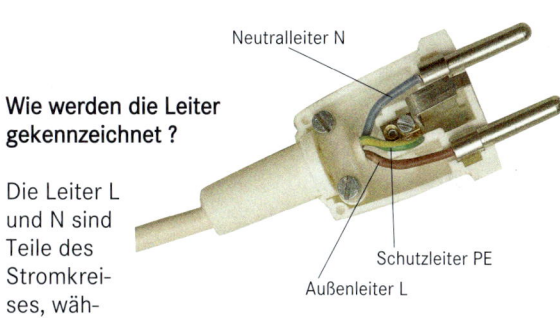

Wie werden die Leiter gekennzeichnet ?

Die Leiter L und N sind Teile des Stromkreises, während der PE-Leiter dem Schutz des Menschen dient. Hierüber wird in dem Modul „Schutzmaßnahmen" ausführlich gesprochen.

Hinweis: Die Buchstaben PE sind Abkürzungen für den englischen Begriff „**p**rotection **e**arth" (Bezugserde).

Wenn der Schalter Q1 geschlossen ist (geschlossener Stromkreis), wird über die Leitungen Energie zur Glühlampe transportiert.

Die Glühlampe erzeugt Licht und Wärme, d. h. sie wandelt die elektrische Energie in eine andere Energieform um. Solche Geräte werden als **Energiewandler** bezeichnet. Weil die elektrische Energie dann nicht mehr vorhanden ist, werden diese Energiewandler auch Verbraucher von elektrischer Energie genannt.

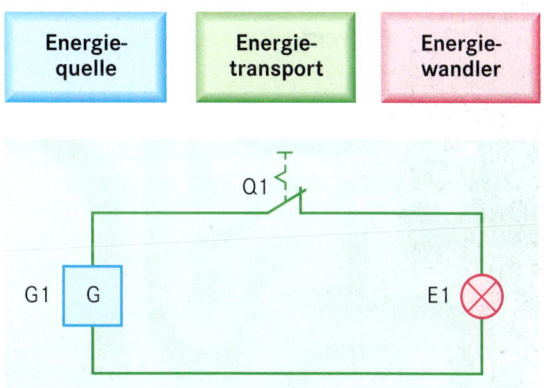

2: Stromlaufplan

- Wenn elektrische Energie transportiert werden soll, müssen Stromkreise geschlossen sein.

- Stromkreise bestehen mindestens aus Energiequelle, Verbindungsleitung und Verbraucher.

- Energiequellen wandeln andere Energieformen in elektrische Energie um.

- Verbraucher wandeln elektrische Energie in andere Energieformen um.

1.2 Elektrische Spannung

Damit Energiequelle und Verbraucher zusammenpassen, müssen diese so ausgewählt werden, dass bestimmte Werte übereinstimmen.

Die Glühlampe der Stehleuchte (S. 5, Abb. 1) trägt u. a. die Bezeichnung 230 V. Sie wissen, dass an der Steckdose 230 V liegen, d. h. von den Elektrizitäts-Versorgungs-Unternehmen wird eine Spannung von 230 V zur Verfügung gestellt.

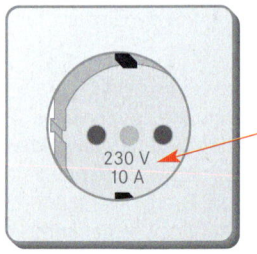

Diese Eigenschaft der Energie-quellen heißt **elektrische Spannung**. Sie hat das Formelzeichen *U*. Die Einheit ist Volt (V). Energiequellen werden deshalb auch Spannungsquellen genannt. In Schaltplänen wird die Spannung als Pfeil zwischen den Anschlüssen dargestellt.

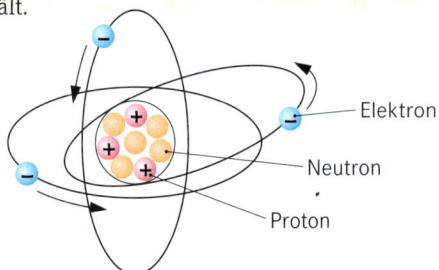

230 V
10 A

> **Energiequelle und Verbraucher passen zusammen.**

Wie entsteht elektrische Spannung ?

Zur Erklärung greifen wir auf das Bohrsche Atommodell zurück. Man kann daran modellhaft viele elektrische Vorgänge erläutern. Da Elektronen negativ und Protonen positiv geladen sind, ziehen sie sich an. Bei Berührung gleichen sich ihre Ladungen aus. Trennt man sie dann wieder, sind sie bestrebt sich wieder auszugleichen. Dieses Ausgleichsbestreben wird als elektrische Spannung bezeichnet.

Atomaufbau (nach Bohr)

Atome setzen sich aus Kern und Hülle zusammen. Kerne bestehen aus **Protonen** und **Neutronen.** Die **Elektronen** bewegen sich auf kreisförmigen oder elliptischen Bahnen um den Kern. Sie bilden so die Hülle.

Die Elementarteilchen haben eine Eigenschaft, die Ladung genannt wird. Zwischen den positiven Protonen und den negativen Elektronen besteht eine Anziehungskraft, die die Atome zusammenhält.

Elektron

Neutron

Proton

Um Spannung zu erzeugen, müssen Ladungen getrennt werden. Dafür muss Arbeit aufgewendet werden. Dies kann auf verschiedene Arten geschehen.

Die aufgewendete Arbeit steht dann an der Spannungsquelle als Energie zur Verfügung. Nach dem Einschalten von Verbrauchern kann diese Energie Arbeit verrichten.

Solarzelle

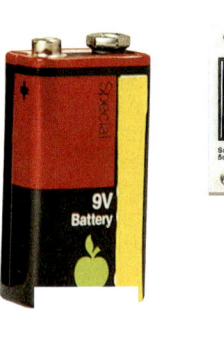
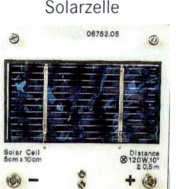

Thermoelement

Die Einheit Volt wurde nach dem italienischen Physiker Alessandro **Volta** benannt. Volta lebte von 1745 bis 1827. Er enwickelte das erste Galvanische Element. Es wird nach ihm die Volta-Säule genannt. Diese Spannungsquelle arbeitete auf chemischer Basis.

- Spannungsquellen sind Energiewandler, die elektrische Energie zur Verfügung stellen.

- Spannung wird durch Ladungstrennung erzeugt.

- Spannung ist das Ausgleichsbestreben von Ladungen.

- Zwischen den Polen der Spannungsquellen herrscht die Spannung *U*.

- Die Spannung wird in Volt (V) gemessen.

1.3 Elektrischer Strom

In Glühlampen wird die elektrische Energie in Licht und Wärme umgewandelt. Die Energie muss also dorthin transportiert werden. Wir beschäftigen uns deshalb zuerst mit dem **Energietransport.**

Der Energietransport findet über die Leitung statt, die üblicherweise aus isolierten Kupferdrähten besteht. Metalle haben **freie Elektronen.** Diese sind nicht an bestimmte Atomkerne gebunden, sondern schwirren ungeordnet im Atomgitter umher. Diese Besonderheit macht Metalle zu guten elektrischen Leitermaterialien. Man sagt auch kurz: **Leiter.**

Metallbindung

Metalle ordnen sich beim Erstarren in bestimmten Gittern an. Benachbarte Atome beeinflussen sich so, dass Elektronen frei werden. Diese quasifreien Elektronen bewegen sich ungebunden im Atomgitter.

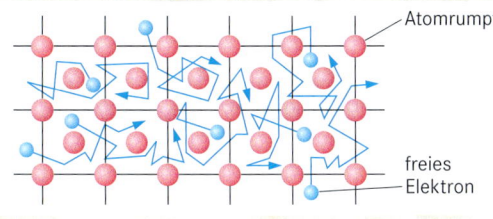

Atomrumpf

freies Elektron

Die Umhüllung der Kupferleiter besteht aus Kunststoff. Dieses Material besitzt keine freien Elektronen. Es eignet sich deshalb ausgezeichnet zum Isolieren. Solche Werkstoffe werden deshalb **Isolatoren** genannt.

Kunststoffschlauchleitungen

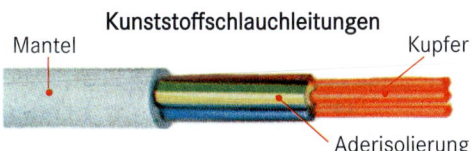

Mantel   Kupfer

Aderisolierung

Werden an der einen Seite der Leitung eine Spannungsquelle und an der anderen Seite ein Verbraucher angeschlossen, so verändert sich das Verhalten der Elektronen im Leiter. Sie bewegen sich jetzt nicht mehr in unterschiedliche Richtungen sondern strömen in eine Richtung. Diese gerichtete Bewegung der Elektronen wird **elektrischer Strom** genannt. Da die Elektronen negativ geladen sind, fließen sie vom Minuspol durch den Leiter und Verbraucher zum Pluspol der Spannungsquelle.

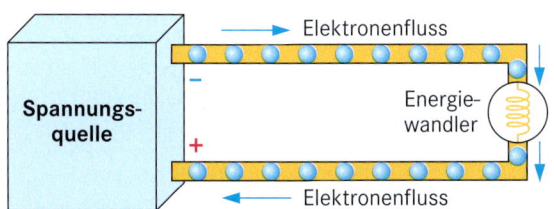

Elektronenfluss

Spannungs-
quelle

Energie-
wandler

Elektronenfluss

Als man begann, sich mit der Elektrizität zu beschäftigen, wussten die Wissenschaftler noch nichts vom Elektronenfluss. Sie legten damals fest:
„Der Strom fließt im Leiter von Plus nach Minus".

Inzwischen wurden viele Merkregeln der Elektrotechnik auf diese Stromrichtung aufgebaut, sodass man auch bei dieser Festlegung geblieben ist. Zur Unterscheidung von der Elektronen-Flussrichtung wird sie als **Technische Stromrichtung** bezeichnet.

Die Richtung des Stromes wird von der Spannungsquelle bestimmt. Sie gibt an einem Anschluss (Minuspol) Elektronen an den Leiter ab und nimmt am anderen Anschluss (Pluspol) Elektronen auf.

Worin unterscheiden sich Spannungsquellen ?
Es gibt grundsätzlich zwei Arten von Spannungsquellen:

Gleichspannungsquellen geben immer an demselben Pol Elektronen ab.
Beispiele: Trockenelement, Akkumulator, Solarzelle, Thermoelement.

Wechselspannungsquellen ändern die Abgabe von Elektronen periodisch zwischen den beiden Anschlüssen. Dieser Wechsel kann einige Male in der Sekunde geschehen, z. B. beim Wechselstrom unserer Energienetze (50 Hz), aber auch viel häufiger, z. B. 10 000 000 Hz bei Rundfunksendern.
Beispiele: Generator, Dynamo, Mikrofon.

Zusammenfassend kann also festgestellt werden:

In Spannungsquellen wird Energie (z. B. chemische) in elektrische Energie umgewandelt.

Dadurch steht eine Spannung zur Verfügung,

die als Ursache den elektrischen Strom treibt,

der seine elektrische Energie im Verbraucher in eine andere Energieform (z. B. Licht) umwandelt.

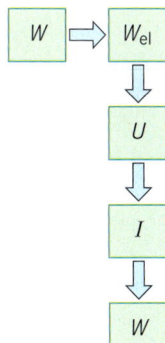

- Metalle haben freie Elektronen. Sie sind gute elektrische Leiter.

- Kunststoffe haben kaum oder keine Elektronen. Sie sind gute Isolatoren.

- Der elektrische Strom ist die gerichtete Bewegung von Ladungsträgern.

- Die technische Stromrichtung ist außerhalb der Spannungsquelle vom Pluspol zum Minuspol festgelegt.

Wie stark ist der Strom ?

Wenn man an einer Stelle des Stromkreises die fließenden Elektronen mit ihren Ladungen innerhalb einer bestimmten Zeit zählen könnte, würde man die Stärke des Stromes feststellen. Die Einheit der **Stromstärke** I ist das Ampere (A).

Im Stromlaufplan wird der Strom durch einen Pfeil parallel zum Leiter dargestellt. Bei Gleichstrom von Plus nach Minus und bei Wechselstrom von L (Außenleiter) zu N (Neutralleiter).

In den Leitungen der Ortsnetze sind große Stromstärken vorhanden. Bei der Angabe ihrer Größe kommt es zu unhandlichen Zahlen. Man verwendet daher Vorsätze zu den Einheiten. Solche Bezeichnungen kennen Sie von den Längenangaben her, z. B. 1 km für 1000 m.

Vorsätze für Einheiten

T	= Tera	= 1 000 000 000 000	= 10^{12}
G	= Giga	= 1 000 000 000	= 10^{9}
M	= Mega	= 1 000 000	= 10^{6}
k	= kilo	= 1 000	= 10^{3}
m	= milli	= 0,001	= 10^{-3}
µ	= mikro	= 0,000 001	= 10^{-6}
n	= nano	= 0,000 000 001	= 10^{-9}
p	= piko	= 0,000 000 000 001	= 10^{-12}

Beispiele für Stromstärken:

Taschenrechner:	100 µA
Glühlampe (100 W):	435 mA
Straßenbahn:	50 A
Aluminiumschmelze:	15 kA

Vergleich von Stromstärken

Wievielmal größer ist der Strom durch eine 100 W-Glühlampe als der Strom im Taschenrechner?

Beim Rechnen werden immer die Grundeinheiten verwendet, so dass die Vorsätze als Zahlen angegeben werden, z. B.

$I_T = 100 \cdot 1\,µA = 100 \cdot 0{,}000\,001\,A = 0{,}000\,1\,A$
$I_G = 435 \cdot 1\,mA = 435 \cdot 0{,}001\,A = 0{,}435\,A$

$$\frac{I_G}{I_T} = \frac{0{,}435\,A}{0{,}0001\,A} \qquad \frac{I_G}{I_T} = \frac{4350}{1} = 4350$$

Die Stromstärke in einer 100 W-Glühlampe ist 4350 mal größer als die Stromstärke in einem Taschenrechner.

- Die Stromstärke I wird in Ampere (A) gemessen.

- Der Strom kann in Schaltplänen als Pfeil von Plus nach Minus (bzw. von L nach N) dargestellt werden.

Aufgaben

1. Zeichnen Sie einen Stromkreis aus Spannungsquelle, Lampe und geschlossenem Schalter! Beschriften Sie die Betriebsmittel mit ihren Kennzeichen!

2. Nennen Sie die Teile des Stromkreises für die Beleuchtungsanlage eines Fahrrades und geben Sie deren Aufgabe an!

3. Glühlampen werden als Verbraucher bezeichnet. Was verbrauchen sie? Warum wäre die Bezeichnung "Wandler" zutreffender?

4. Nennen Sie vier Möglichkeiten der Spannungserzeugung mit dazugehörigen Geräten!

5. Erklären Sie, was unter der elektrischen Spannung verstanden wird! Verwenden Sie dabei das Wort „Ausgleichsbestreben".

6. Drücken Sie den Zusammenhang zwischen Spannung und Stromstärke in einem Satz aus! Vergleichen Sie Ihre Antwort mit den Aussagen auf Seite 7!

7. Das Formelzeichen für die Stromstärke I kann als Abkürzung für Intensität (lateinisch: Stärke) gedacht werden.
Wofür kann das Formelzeichen U der Spannung stehen?

8. Geben Sie die Festlegung der Technischen Stromrichtung an!

9. Warum werden Spannungsquellen auch Energiewandler genannt?

10. Worin unterscheiden sich Leiter von Isolatoren?

11. Beschreiben Sie in 5 Stufen den Vorgang von der „Erzeugung der elektrischen Spannung" bis zur „Erzeugung von Licht"!

12. Rechnen Sie folgende Spannungen und Stromstärken in die entsprechenden Einheiten Volt (V) bzw. Ampere (A) um!
12 MV; 3,4 kA; 5,67 mA; 123,45 nV.

13. Rechnen Sie die Spannungen und Stromstärken entsprechend der folgenden Vorgaben um!
12 MV in kV   4,7 kA in GA
75,6 mA in µA   1345 nV in mV

Die Einheit Ampere wurde nach dem französischen Mathematiker und Physiker André-Marie Ampère benannt. Er lebte von 1775 bis 1836. Ampère stellte fest, dass fließende Elektrizität die Ursache des Magnetismus ist. Er prägte auch die Begriffe Spannung und Strom.

1.4 Messen von Stromstärke und Spannung

Für die gedachte „Zählung" wird ein **Strommesser** benutzt. Das Messgerät muss dazu in den Stromkreis eingeschaltet werden, damit die hindurchfließenden Ladungsträger an einer Stelle „gezählt" werden können. Das Messgerät liegt also **in Reihe** mit dem Verbraucher und der Spannungsquelle.

Für die Darstellung der Spannung werden Pfeile zwischen die Pole gezeichnet, und zwar von Plus (bzw. L) nach Minus (bzw. N).

Die Spannung ist die Ursache des Stromes. Daher ist die Höhe der Spannung entscheidend für die Stromstärke. Um sie zu messen, wird ein **Spannungsmesser** an beide Klemmen angeschlossen. Das Messgerät liegt also **parallel** zur Spannungsquelle oder zum Verbraucher.

Messen mit Vielfach-Messgeräten

Stromstärke	Spannung

Stromstärke:

Stromart einstellen → Größten Messbereich einschalten → Anlage ausschalten → Messgerät in Anlage einschleifen → Anlage einschalten → Günstigen Messbereich wählen → Messen → Anlage ausschalten → Messgerät entfernen → Anlage einschalten

Messungen in Stromkreisen der Hausinstallation: **Wechselstrom**

Gefahr der Überlastung des Messgerätes ist dann am geringsten.

Die Spannung 230 V ist für Menschen lebensgefährlich!

Der Leiter muss an einer Stelle aufgetrennt werden, weil das Messgerät in den Stromkreis eingebaut wird.

Keine stromführenden Teile wie z. B. Messspitzen berühren. Lebensgefahr!

Der Messwert soll im letzten Drittel der Skala liegen. Der prozentuale Messfehler ist dann am geringsten.

Eingestellten Messbereich und Einteilung der Skala beachten.

Spannung:

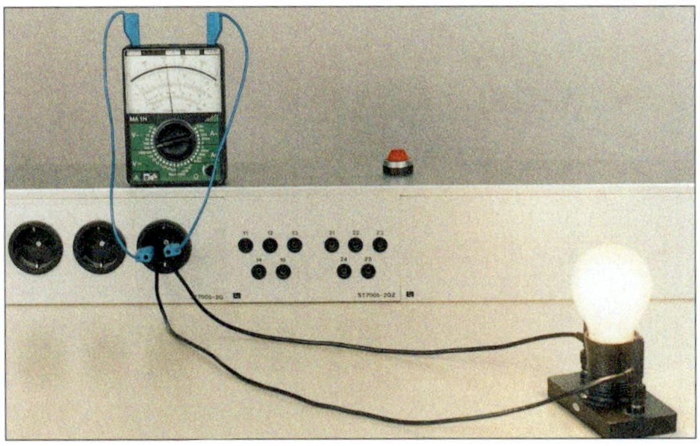

Messungen in Stromkreisen der Hausinstallation: **Wechselspannung**

Gefahr der Überlastung des Messgerätes ist dann am geringsten.

Keine stromführenden Teile wie z. B. Messspitzen berühren. Lebensgefahr!

Der Messwert soll im letzten Drittel der Skala liegen. Der prozentuale Messfehler ist dann am geringsten.

Eingestellten Messbereich und Einteilung der Skala beachten.

Spannungsart einstellen → Größten Messbereich einschalten → Messgerät parallel anlegen → Günstigen Messbereich wählen → Messen → Messgerät entfernen

- Bei Zeiger-Messgeräten (analoge Messgeräte) gilt die Toleranzangabe nur für den Endwert der Skala, sodass der relative Fehler in Richtung Skalenanfang zunimmt. (s. nächste Seite)
- Bei Ziffern-Messgeräten (digitale Messgeräte) ist die Toleranzangabe auf dem Messgerät der prozentuale Fehler im gesamten Messbereich.

Digitales Messgerät (Ziffern-Messgerät)	**Analoges Messgerät** (Zeiger-Messgerät)

Senkrechte Gebrauchslage	⊥
Waagerechte Gebrauchslage	⊓
Schräge Gebrauchslage mit Angabe des Neigungswinkels	∠
Prüfspannungszeichen: Die Ziffer im Stern bedeutet die Prüfspannung in kV (Stern ohne Ziffer = 500 V Prüfspannung).	☆

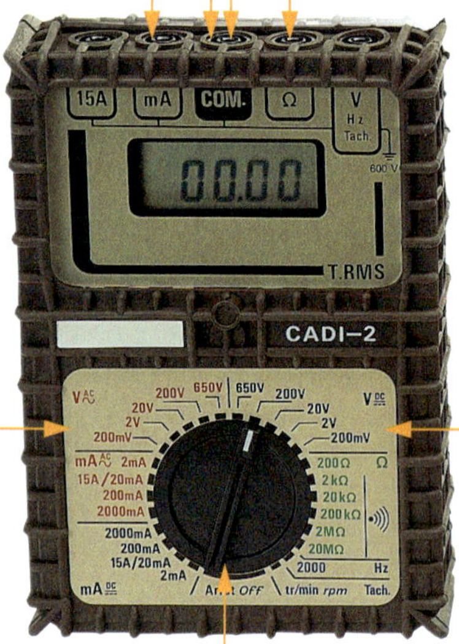

Buchsen für Messleitungen

I in A U

I R
in
mA

**Skalen für
10er-Bereich
und
3er-Bereich**

Skalenendwert =
Messbereichs-
angabe

Achtung!
Faktor beachten!

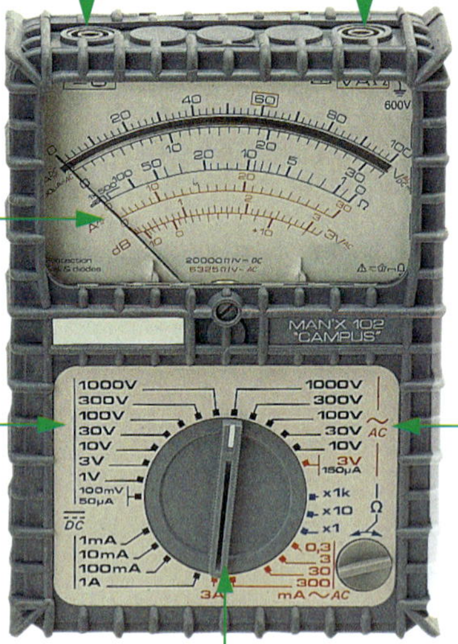

Buchsen für Messleitungen

Messbereichsschalter

Messbereichsschalter

Messbereich für
Wechselspannung (AC)

Messbereich für
Gleichspannung (DC)

Messbereich für
Gleichspannung (DC)

Messbereich für
Wechselspannung (AC)

Güteklasse
Die Güteklasse gibt die Genauigkeit des Messgerätes
an. Der zulässige Fehler wird in Prozent des Skalen-
endwertes angegeben.
Betriebsmessgeräte: 1   1,5   2,5   5

Fehlerarten
Der **relative Fehler** f ist der absolute Fehler bezogen
auf den jeweiligen Messwert. Er wird in Prozent angegeben (prozentualer Fehler) und ist für die gesamte
Skala unterschiedlich.

Der **absolute Fehler** F ist die Abweichung des angezeigten Messwertes (Ist-Wert) vom tatsächlichen Wert
(Soll-Wert). Er ist für die gesamte Skala gleich groß.

Fehlerberechnung

Geg.:
Messwert	Skalenendwert	Güteklasse
2,6 mA	10 mA	2,5

Ges.: F; f

absoluter Fehler	relativer Fehler	
$F = 10\text{ mA} \cdot 2,5\%$	$f = \dfrac{0,25\text{ mA}}{2,6\text{ mA}}$	$f = 0,09615$
$\underline{\underline{F = 0,25\text{ mA}}}$	$\underline{\underline{f = 9,62\%}}$	$9,62\% > 2,5\%$

■ Der relative Fehler f ist stets größer als die
Toleranz (Güteklasse), außer bei Endausschlag.
Er ist am Anfang der Skala am größten.

1.5 Elektrischer Widerstand

Es ist eine Alltagserfahrung, dass sich Drähte bei Stromdurchfluss erwärmen. Besonders deutlich sieht man das bei Glühlampen.

Zur Erklärung des Vorgangs benutzen wir wieder das Bohrsche Atommodell. Von der angelegten Spannung getrieben bewegen sich die freien Elektronen durch den Leiter. Die Atome des Materials sind ihnen dabei im Weg. Zusammenstöße sind unvermeidlich, dadurch werden die Elektronen in ihrem Fortkommen behindert. Diese Behinderung wird als **elektrischer Widerstand** R bezeichnet. Seine Einheit ist Ohm (Ω).

Die Atome des Metalls werden durch die Anstöße der Elektronen in Schwingungen versetzt. Das wirkt sich als Erwärmung des Materials aus. Elektrische Energie wird also in Wärme umgewandelt.

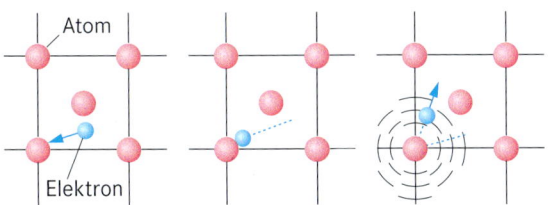

Man kann aber auch die Materialien nach ihrer Fähigkeit beurteilen den elektrischen Strom gut bzw. schlecht zu leiten. Wir haben es dann mit dem **elektrischen Leitwert** G zu tun. Er wird in Siemens (S) angegeben.

Elektrischer Widerstand und elektrischer Leitwert sind umgekehrt verhältnisgleich (antiproportional).

$$G = \frac{1}{R} \qquad\qquad 1\,S = \frac{1}{\Omega}$$

In diesem Zusammenhang müssen wir noch auf eine Schwierigkeit zu sprechen kommen, die immer wieder zu Missverständnissen führt. Das Wort Widerstand hat nämlich zwei Bedeutungen. Zum Einen gibt es die Eigenschaft Widerstand und dann auch das Bauteil Widerstand (vgl. Kap. 2.1). So kann es zu der kurios klingenden Aussage kommen: „Ein Widerstand (Bauteil) hat den Widerstand (Eigenschaft) von 5 Ω".

> - Die Behinderung der Ladungsträger beim Durchfließen der Leiter wird elektrischer Widerstand R genannt.
> - Die Einheit des elektrischen Widerstandes R ist Ohm (Ω).
> - Der elektrische Leitwert G gibt an, wie gut bzw. wie schlecht ein Material leitet.
> - Die Einheit des elektrischen Leitwertes G ist Siemens (S).

Aufgaben

1. Warum muss vor der Strommessung die Anlage abgeschaltet werden?

2. Welches Messgerät wird in Reihe mit dem Verbraucher geschaltet und welches parallel?

3. Beschreiben Sie den Zusammenhang zwischen elektrischem Widerstand und Stromstärke! Verwenden Sie dazu den folgenden unvollständigen Satz: „Wenn der Widerstand … , dann … ."

4. Erstellen Sie eine Tabelle nach folgendem Muster! Füllen Sie die Tabelle aus.

Größe	Formelzeichen	Einheitszeichen
Spannung		
	I	
		Ω
	G	

5. a) Lesen Sie auf den beiden oberen Skalen die Zahlenwerte (ohne Messbereich) ab!

b) Wie groß ist der Messwert für den Zahlenwert aus a) bei den Messbereichen 1 000 V und 3 mA?

c) Das Messgerät hat eine Toleranz von ± 2,5 %. Berechnen Sie die mögliche Abweichung in V für den Messbereich 1 000 V!

d) Berechnen Sie den prozentualen Fehler des Messwertes bei b) im Messbereich von 1 000 V und der Toleranz nach c)!

e) Vergleichen Sie die Ergebnisse aus d) mit der Toleranz 2,5 %. Formulieren Sie daraus eine Folgerung für Messwerte im Anfangsteil bzw. Endteil der Skala!

6. Berechnen Sie die Leitwerte folgender Widerstände a) 0,56 kΩ; b) 220 Ω; c) 8,2 mΩ; d) 3,3 MΩ!

Die Einheit Ohm wurde nach dem deutschen Physiker Georg Simon Ohm benannt. Er lebte von 1789 bis 1854. Ohm fand im Jahr 1826 das nach ihm benannte Gesetz. Es gibt die Zusammenhänge zwischen Strom, Spannung und Widerstand wieder.

1.6 Leistung und Arbeit

Wenn Sie sich eine HiFi-Anlage kaufen, ist für Sie bestimmt wichtig: „Was gibt die Anlage her? Was leistet sie?" Die Angabe der **Leistung** P ist eine wichtige Eigenschaft z. B. einer Anlage, eines Gerätes, eines Motors. Die Einheit der Leistung ist Watt (W).

Wie Sie wissen, gibt es z. B. Glühlampen von 25 W sowohl für 230 V als auch für 24 V. Daraus können wir schließen, dass die Spannung nicht allein maßgebend für die Leistung sein kann. Die zweite Größe ist die Stromstärke.

  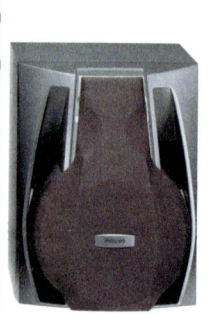

Versuch zur Leistungsbestimmung

Um die Abhängigkeit der Leistung von den Größen U und I zu untersuchen, werden zwei Glühlampen von 40 W in unterschiedliche Schaltungen eingebaut.

• Stromstärke und Spannung **einer** Glühlampe werden gemessen.

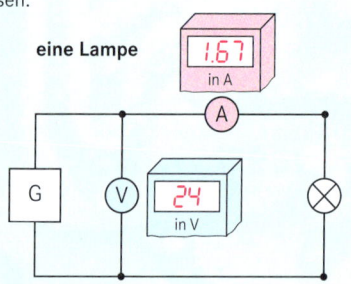

eine Lampe

• Spannung bleibt gleich   • Stromstärke bleibt gleich

zwei Lampen (parallel)   zwei Lampen (in Reihe)

In beiden Schaltungen erzeugen die zwei Lampen zusammen die doppelte Helligkeit einer Glühlampe, d. h. die Gesamtleistung der beiden Glühlampen ist jeweils doppelt so hoch. Wir vergleichen die Werte von Stromstärke bzw. Spannung mit den Werten einer Glühlampe.

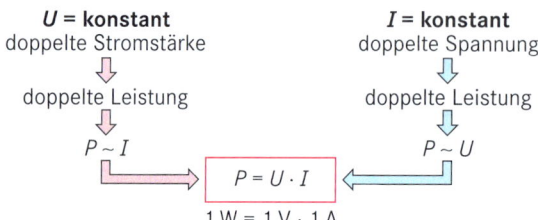

U = konstant
doppelte Stromstärke
⬇
doppelte Leistung
⬇
$P \sim I$

I = konstant
doppelte Spannung
⬇
doppelte Leistung
⬇
$P \sim U$

$$P = U \cdot I$$
$1\,W = 1\,V \cdot 1\,A$

Was ist elektrische Arbeit?

Ein nicht eingeschalteter Elektromotor erzeugt natürlich keine Bewegung. Erst wenn Maschinen oder Geräte in Funktion sind, wird Arbeit verrichtet. Die auf dem Leistungsschild angegebene Leistung ist demnach nur das zur Verfügung stehende Arbeitsvermögen.

Erst wenn eine bestimmte Zeit lang Leistung aufgebracht wurde, ist Arbeit in eine andere Energie umgewandelt worden. Das bedeutet, dass die Verbindungsgröße zwischen Leistung und Arbeit die Zeit ist.

$$W = P \cdot t \qquad 1\,Ws = 1\,W \cdot 1\,s$$

Die Einheit Wattsekunde (Ws) ist für die Energietechnik zu klein, deshalb wird üblicherweise die Einheit **Kilowattstunde** (kWh) benutzt.

$1\,kWh = 1\,000 \cdot 3\,600\,Ws$
$1\,kWh = 3\,600\,000\,Ws$

Elektrische Arbeit wird mit einem Elektrizitätszähler „gemessen".

■ Die Leistung P ist das Produkt aus Spannung U und Stromstärke I.

■ Die Einheit der Leistung P ist Watt (W).

■ Die Arbeit W ist das Produkt aus Leistung P und Zeit t.

■ Die Einheit der Arbeit W ist Wattsekunde (Ws) bzw. Kilowattstunde (kWh).

Die Einheit Watt wurde nach dem englischen Universitätsmechaniker James Watt bezeichnet. Er lebte von 1736 - 1819. Watt gilt als Erfinder der Dampfmaschine.

Aufgaben

1. Erklären Sie den Unterschied zwischen Arbeit und Leistung!

2. Berechnen Sie die Stromstärke einer 60 W-Lampe, die an der Spannung 230 V liegt!

3. Der Leistungsmesser P1 hat vier Anschlussklemmen. Warum sind diese nötig?

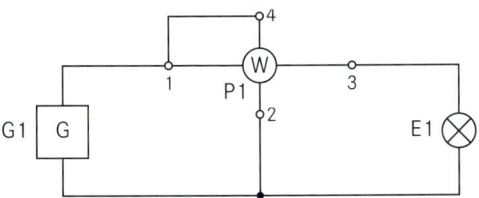

4. Der Elektrizitätszähler misst die elektrische Arbeit.
Geben Sie an, welche drei Größen er verarbeiten muss!

5. Die Arbeit wird auch in der Einheit J (Joule) gemessen, dabei ist 1 J = 1 Ws.
Berechnen Sie, welche Arbeit in kJ eine elektrische Kochplatte mit 300 W in 25 Minuten verrichtet!

6. Ein Kunde erhielt vom EVU eine Jahresabrechnung von 512,68 € (ohne Grundgebühr). Der Energiepreis betrug 10,11 Cent/kWh.
Berechnen Sie die durchschnittliche elektrische Leistung im betreffenden Jahr (365 Tage)!

Historisches Stromkreis-Modell

Sie haben den elektrischen Stromkreis und seine Grundgrößen kennengelernt. Sie kennen die einzelnen Begriffe, ihre Kurzzeichen (Formelgrößen) und die entsprechenden Einheiten. Ihnen ist auch bekannt, wie Spannung und Stromstärke gemessen werden und was beim Umgang mit Messgeräten beachtet werden muss.

Sie haben dabei bestimmt festgestellt, dass die Vorgänge im elektrischen Stromkreis recht abstrakt sind. Mithilfe von Modellen wird versucht, die Verhältnisse anschaulich darzustellen. Alle Modelle haben jedoch den Nachteil, dass sie nicht vollständig auf die Elektrizität übertragbar sind und dass nicht alle Vorgänge mit einem Modell verdeutlicht werden können.

In einem populär wissenschaftlichen Buch von Eduard Rhein („Du und die Elektrizität") aus dem Jahr 1940 fanden wir folgende Modelldarstellung des elektrischen Stromkreises.

Die beiden Männer schieben im Erzeuger die Kügelchen (Elektronen), dadurch werden sie im gesamten Rohrkreis bewegt. Als Ergebnis wird die Säge abwärts geführt. Sie verrichtet damit Arbeit.

Die Ursache der Bewegung im Rohr ist die unterschiedliche Anzahl der Kügelchen an den beiden Enden der Erzeuger-Röhre. Wir können uns das wie eine elektrische Spannungsquelle vorstellen. Auch dabei ist ein Unterschied in der Elektronenanzahl vorhanden. Der soll ausgeglichen werden und ergibt so die gerichtete Bewegung der Elektronen. Auch der elektrische Widerstand ist in der Darstellung modellhaft vorhanden. In der Sägen-Röhre (Verbraucher) wird der Kugelfluss durch die Scheibe behindert.

Und noch zwei andere wichtige Tatsachen können dem Modell entnommen werden. Deutlich ist zu erkennen, dass sich die beiden Männer an der Erzeuger-Röhre (Spannungsquelle) ständig bewegen müssen. Hören sie auf, fließen keine Kügelchen mehr. Weiterhin wird in dem Bild deutlich, dass die Spannung nicht gespeichert werden kann.

Die Anzahl der Kügelchen (also der Elektronen) bleibt immer gleich. Es geht keines verloren. Ihre Anzahl ist an jeder Stelle feststellbar, d. h. Strommesser können überall eingeschaltet werden. Kügelchen (also Strom) werden nicht verbraucht. Sie werden lediglich benutzt.

2 Abhängigkeiten im Stromkreis

2.1 Spannung und Stromstärke

Die Elektrizitäts-Versorgungsunternehmen stellen Spannungen von 230 V und 400 V zur Verfügung. Wir gehen bei den folgenden Betrachtungen davon aus, dass die Spannungen konstant sind. Je nach Leistung der Geräte fließt ein entsprechender Strom.

Annahme: Wir besitzen ein Gerät für eine Betriebsspannung von 230 V.

Was würde passieren, wenn wir irrtümlicherweise dieses Gerät an eine Spannung von 400 V anschließen?

Das Gerät würde überlastet und aufgrund zu hoher Wärmeentwicklung zerstört werden. Als Ursache hierfür vermuten wir eine zu hohe Stromstärke.

Wir wollen nun den Zusammenhang zwischen Spannung und Stromstärke im Stromkreis genauer untersuchen.

Da wir aus Sicherheitsgründen nicht mit der Netzspannung von 230 V arbeiten wollen, benutzen wir ein einstellbares Netzgerät ①. An diesem können kleinere und deshalb ungefährliche Spannungen eingestellt werden.

Anstelle eines Elektrogerätes benutzen wir einen einzelnen Widerstand, sodass wir gefahrlos experimentieren können. Der verwendete Steckwiderstand hat in diesem Fall einen Wert von

R_1 = 20 Ω ②

Experiment

Vorab einige grundsätzliche Überlegungen zur experimentellen Untersuchung. Folgende Schritte sind sinnvoll:

1. Messschaltung entwerfen (Stromlaufplan, Abb. 1).

2. Messschaltung aufbauen.

3. Aufgebaute Messschaltung kontrollieren.

4. Spannung in Schritten (z. B. 2 V) erhöhen ③ und die jeweilige Stromstärke messen ④.

5. Messergebnisse in eine Tabelle eintragen (vgl. Tabelle ⑤).

6. Messergebnisse auswerten.

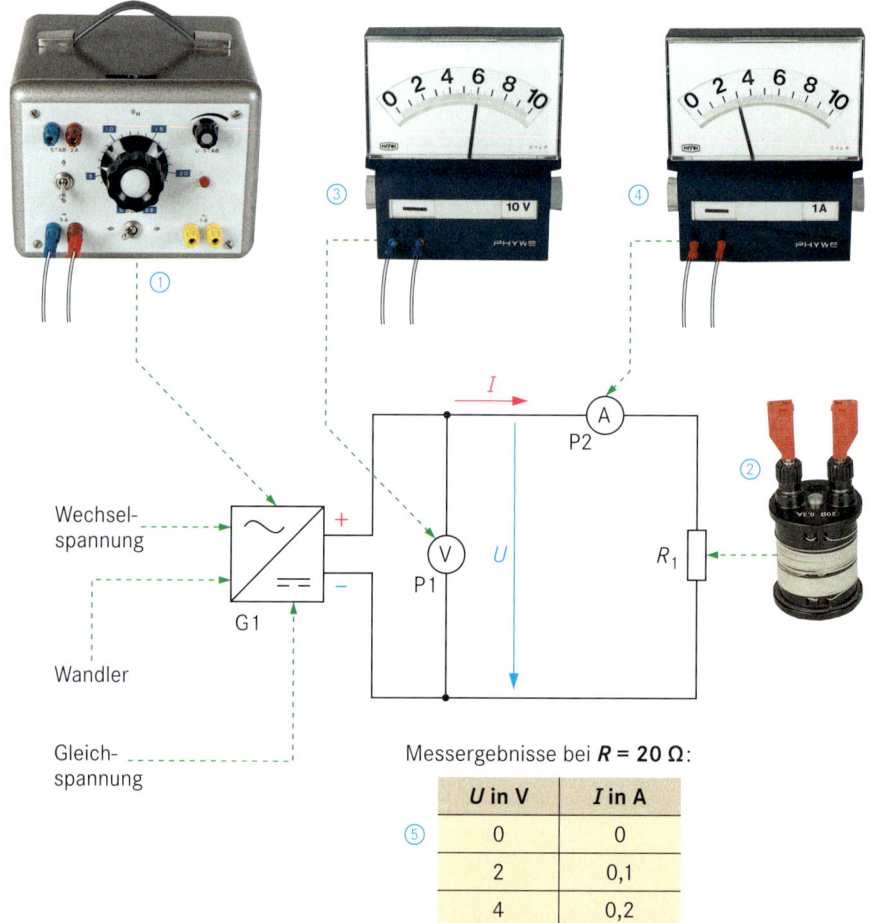

Messergebnisse bei *R* = 20 Ω:

U in V	*I* in A
0	0
2	0,1
4	0,2
6	0,3
8	0,4
10	0,5

Angezeigte Werte

1: Messschaltung und Versuchsaufbau

Auswertung der Messergebnisse

Es gibt verschiedene Möglichkeiten, die vorliegenden Messergebnisse auszuwerten:

- sprachlich (Merksatz),
- zeichnerisch (Diagramm) und
- mathematisch (Formel).

Die Messwerte verdeutlichen bereits, dass mit zunehmender Spannung U auch die Stromstärke I ansteigt (bei konstant bleibendem Widerstand R).

Der Anstieg der Stromstärke ist sogar gleichmäßig. Die Stromstärke steigt immer um 0,1 A an, wenn die Spannung um 2 V erhöht wird.

Neben dieser sprachlichen Beschreibung der Ergebnisse ist es sinnvoll, die Messwerte in Form einer grafischen Darstellung (**Diagramm**) zu veranschaulichen (Abb. 2).

Wie erstellen wir ein Diagramm?

Zuerst zeichnen wir ein Achsenkreuz mit einem geeigneten Maßstab (z.B. 1 V ≙ 1 cm; 0,1 A ≙ 2 cm).

Die eingestellte Spannung U wird an der waagerechten Achse aufgetragen ① (**Abszisse**).

Danach stellen wir die Stromstärke I als abhängige Größe an der senkrechten Achse (**Ordinate**) dar ②.

Zuletzt zeichnen wir die eingestellten und die gemessenen Werte in das Diagramm ein. Es ergeben sich sechs Kreuzungspunkte ③. Sie verdeutlichen den Anstieg der Stromstärke, wenn die Spannung erhöht wird.

Die Kreuzungspunkte liegen auf einer Verbindungslinie. Diese Gerade wird als Widerstands-Kennlinie bezeichnet. Dadurch wird es möglich, Zwischenwerte abzulesen.

Ergebnisse der Messung

- Die Stromstärke I hängt von der eingestellten Spannung ab.
- Die Verbindung der Messpunkte ergibt eine Gerade.
- Die Stromstärke I erhöht sich in gleichem Verhältnis wie die Spannung U (bei gleich bleibendem Widerstand R).
  Wir sagen dann: Stromstärke und Spannung sind zueinander **proportional** (Zeichen: ~).

Ablesen von Größenwerten aus der Kennlinie

Beispiel: Spannung U = 5 V

Vorgehensweise:

1. Größenwert auf der Spannungs-Achse markieren ④.
2. Senkrechte Linie bis zur Widerstands-Kennlinie ziehen ⑤.
3. Von diesem Schnittpunkt eine waagerechte Linie bis zur Stromstärken-Achse zeichnen ⑥.
4. Stromstärke von 0,25 A ablesen ⑦.

Ergebnis:

Liegt an dem Widerstand R = 20 Ω eine Spannung von U = 5 V, dann ergibt sich eine Stromstärke von I = 0,25 A.

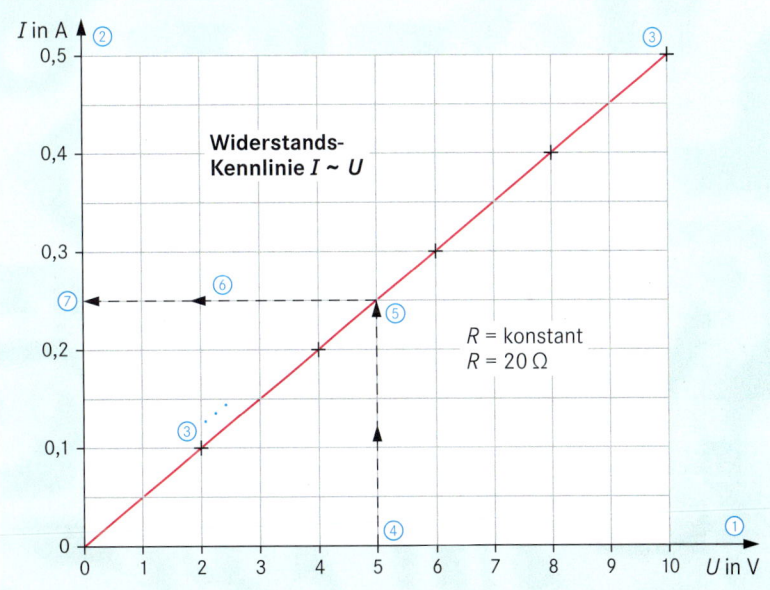

2: Stromstärke I in Abhängigkeit von der Spannung U bei konstantem Widerstand R

- Messwerte lassen sich sprachlich (Merksatz), zeichnerisch und mathematisch auswerten.
- In Diagrammen werden Abhängigkeiten zwischen Größen dargestellt.
- Die unabhängige Größe wird an der waagerechten Achse (Abszisse) und die abhängige Größe an der senkrechten Achse (Ordinate) aufgetragen.
- Die Messpunkte werden miteinander verbunden (Kennlinie des Widerstandes). Dabei wird der wahrscheinlichste Kurvenverlauf eingezeichnet. Mess- und Ablesefehler können dadurch in Grenzen korrigiert werden.

Mathematische Darstellung

Aufgrund des einfachen Zusammenhangs lässt sich das Messergebnis auch mathematisch ausdrücken.

Wenn für jeden Messpunkt das Verhältnis U durch I gebildet wird, ergibt sich ein konstanter Wert.

$$\frac{U}{I} = \frac{2\,V}{0{,}1\,A} = \frac{4\,V}{0{,}2\,A} = \; \cdots \qquad \frac{U}{I} = 20\,\Omega$$

$$I \sim U \; (I \text{ proportional } U) \quad \text{oder}$$

$$\frac{U}{I} = \text{konstant}$$

Das Verhältnis $\frac{U}{I}$ bezeichnet man als elektrischen Widerstand R.

Das Ergebnis lässt sich in Form einer mathematischen Gleichung ausdrücken:

$$R = \frac{U}{I}$$

Wenn das Verhältnis zwischen U und I konstant ist, wird dieses als **Ohmsches Gesetz** bezeichnet.

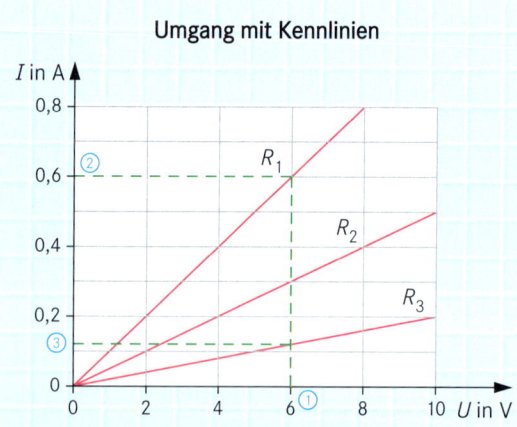

Umgang mit Kennlinien

Welcher Widerstand hat den kleinsten und welcher den größten Wert?

Lösung:

1. Beliebige Spannung annehmen (z.B. 6 V) ①.
2. Stromstärke ablesen (z.B. bei R_1 ist I_1 = 0,6 A ② und bei R_3 ist I_3 = 0,12 A ③).
3. $R_1 = \dfrac{6\,V}{0{,}6\,A}$; $R_1 = 10\,\Omega$; $R_3 = \dfrac{6\,V}{0{,}12\,A}$; $R_3 = 50\,\Omega$

Ergebnis: R_1 ist kleiner als R_3.

Bei gleich bleibender Spannung fließt durch den größten Widerstand der kleinste und durch den kleinsten Widerstand der größte Strom.

- Wenn in einem Stromkreis die Stromstärke im gleichen Verhältnis wie die Spannung steigt, d. h. proportional ist, bezeichnet man dieses Verhalten als Ohmsches Gesetz.

Das hier angewendete Verfahren zur Lösung eines elektrotechnischen Problems kann verallgemeinert werden (**Lösungsstrategie** ⑤).

Wesentliche Stufen sind dabei:

1. Zielsetzung
2. Planung
3. Durchführung
4. Auswertung

Wie lassen sich elektrotechnische Probleme lösen? ⑤

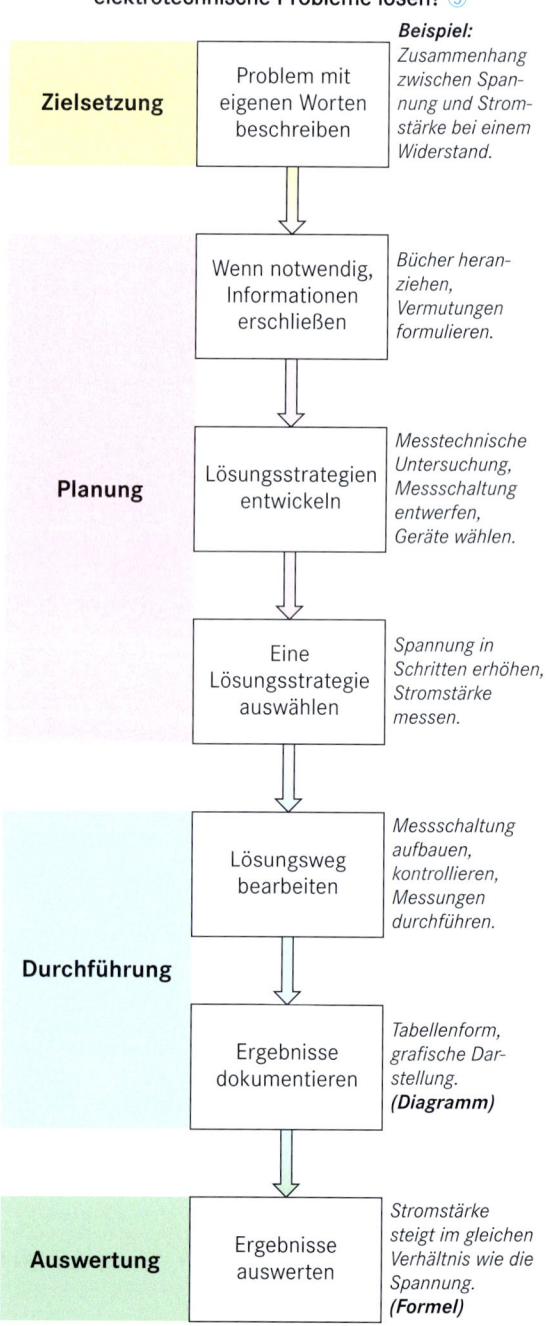

Ohmsches Gesetz

1. An einer Kochplatte (U = 230 V) wird bei eingeschalteter Stufe 4 eine Stromstärke von 2,05 A gemessen.
   Wie groß ist der Widerstand R der Kochplatte?
   Geg.: U = 230 V I = 2,05 A   Ges.: R

   $$R = \frac{U}{I} \qquad R = \frac{230\,V}{2,05\,A} \qquad \underline{R = 112\,\Omega}$$

2. Ein Netzteil für die Energieversorgung einer elektronischen Schaltung liefert eine Ausgangsspannung von 10 V. Der Widerstand der elektronischen Schaltung beträgt 250 Ω.
   Wie groß ist die Stromstärke I?
   Geg.: U = 10 V R = 250 Ω   Ges.: I

   $$R = \frac{U}{I} \qquad I \cdot R = \frac{U \cdot I}{I} \qquad \frac{I \cdot R}{R} = \frac{U}{R}$$

   $$I = \frac{U}{R} \qquad I = \frac{10\,V}{250\,\Omega} \qquad I = 0,04\,A \qquad \underline{I = 40\,mA}$$

3. In einer Hochspannungsanlage wird eine Stromstärke von 2 A ermittelt. Die Belastung der Anlage beträgt 0,5 kΩ.
   Für welche Spannung ist die Anlage ausgelegt?
   Geg.: I = 2 A R = 0,5 Ω   Ges.: U

   $$\frac{U}{I} = R \qquad \frac{U \cdot I}{I} = I \cdot R \qquad U = I \cdot R$$

   $$U = 2\,A \cdot 0,5\,k\Omega \qquad U = 1000\,V$$

   $$\underline{U = 1\,kV}$$

Aufgaben

1. Berechnen Sie den Widerstand R_2 im Kennlinienfeld von S. 16!

2. Wie groß ist die Stromstärke beim Widerstand R_1 (Kennlinienfeld S. 16), wenn eine Spannung von 5 V anliegt?

3. Wie groß sind die Spannungen an den Widerständen R_1 bis R_3, wenn durch alle ein Strom von 0,2 A fließt (Kennlinienfeld S. 16)?

4. Wie groß ist die Stromstärke durch einen Widerstand von 12 kΩ, wenn er an einer Spannungsquelle mit 110 V liegt?

5. Der Isolationswiderstand eines Kondensators beträgt 2 MΩ. Es wird eine Stromstärke von 2,5 mA gemessen.
Wie groß ist die anliegende Spannung?

6. In einem Stromkreis wird die Spannung verdoppelt und gleichzeitig der Widerstand auf die Hälfte verringert.
Wie verändert sich die Stromstärke?

2.2 Widerstand und Stromstärke

Wenn wir an die Steckdosen der Hausinstallation verschiedene Elektrogeräte (unterschiedlich große Widerstände) anschließen, ändern wir die Stromstärke in den einzelnen Stromkreisen. Aber auch innerhalb der Geräte können wir Widerstände verändern und damit die Stromstärke beeinflussen.
Beispiel: Kochplatte mit 7-Takt-Schalter.

Diese praktischen Fälle wollen wir jetzt mit Hilfe der folgenden Fragestellung untersuchen:

Wie ändert sich die Stromstärke, wenn bei gleich bleibender Spannung der Widerstand verändert wird (**Zielsetzung**)?

Zur Untersuchung (**Planung**) verwenden wir wieder eine Laborschaltung, in der wir mit einer ungefährlichen Spannung und einem einstellbaren Widerstand arbeiten. Dieser Widerstand ersetzt die Kochplatte. Gewählt wird die folgende Messschaltung:

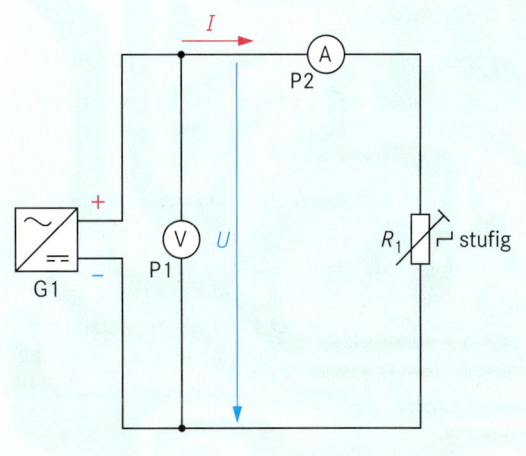

Danach gehen wir wie folgt vor (**Durchführung**):

Experiment

1. Geeignete Messgeräte auswählen.
2. Messschaltung aufbauen und kontrollieren.
3. Bei konstanter Spannung (z. B. 10 V) den Widerstand von R = 10 Ω bis 40 Ω in Stufen verändern und die Stromstärke messen.
4. Messergebnisse in eine Tabelle und in ein Diagramm eintragen.

Messergebnisse:

U = 10 V

R in Ω	I in A
10	1
20	0,5
30	0,33
40	0,25

Auswertung

Die Kurve im Diagramm zeigt einen abfallenden Verlauf. Dieses bedeutet:

- Je größer der Widerstand in einem Stromkreis mit konstanter Spannung, desto kleiner ist die Stromstärke.

- Je kleiner der Widerstand in einem Stromkreis mit konstanter Spannung, desto größer ist die Stromstärke.

- Wir sagen dazu: Stromstärke und Widerstand sind **umgekehrt proportional** (antiproportional). Durch Einführung der konstanten Spannung U wird aus der Proportionalität eine Gleichung.

$$I \sim \frac{1}{R} \qquad \boxed{I = \frac{U}{R}}$$

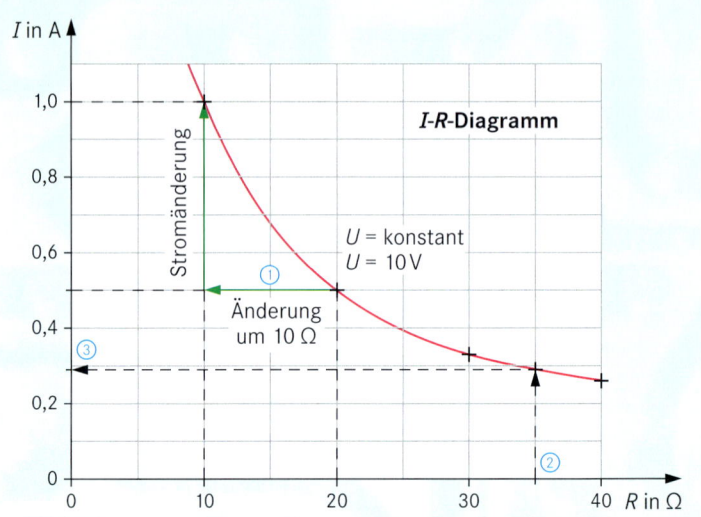

1: Stromstärke I in Abhängigkeit vom Widerstand R bei konstanter Spannung U

Der entstehende Kurvenverlauf heißt **Hyperbel.**

Wir wollen jetzt dieses experimentelle Ergebnis auf die Kochplatte mit 7-Takt-Schalter übertragen:

Fall 1:

Der Schalter wird von Stufe 3 nach Stufe 4 geschaltet. Was geschieht?

Die Wärmeentwicklung der Platte erhöht sich. Da die Spannung konstant geblieben ist, muss sich die Stromstärke durch den jetzt kleiner eingestellten Widerstand vergrößert haben. In der Kurve von Abb. 1 drückt sich dieses durch einen Anstieg aus (z. B. Änderung von 20 Ω auf 10 Ω ①).

Fall 2:

Der Schalter wird von Stufe 6 nach Stufe 5 geschaltet. Was geschieht?

Die Wärmeentwicklung verringert sich. Da die Spannung weiterhin konstant bleibt, verringert sich die Stromstärke. Also muss der Widerstand größer geworden sein.

Für eine verkürzte Darstellung verwenden wir die folgenden Symbole:

⇒ : daraus folgt   ↑: größer   ↓: kleiner

Mit diesen Symbolen ergibt sich folgende Kurzschreibweise (**Wirkungskette**):

Fall 1: $R \downarrow \Rightarrow I \uparrow$ (bei U = konstant)
Fall 2: $R \uparrow \Rightarrow I \downarrow$ (bei U = konstant)

- Wenn ein Widerstand in einer Schaltung bei konstant bleibender Spannung verkleinert wird, steigt die Stromstärke. Sie sinkt, wenn der Widerstand größer wird.

Ablesen von Größen aus dem Diagramm

Beispiel: Eingestellter Widerstand R = 35 Ω.
Wie groß ist die Stromstärke?

1. Größe auf der Widerstands-Achse (R = 35 Ω) suchen und markieren (Abb. 1 ②).
2. Senkrechte Linie bis zur Kennlinie ziehen.
3. Waagerechte Linie bis zur Achse der Stromstärke zeichnen ③.
4. Stromstärke von 0,29 A ablesen.

Ergebnis: Liegt an einem Widerstand R von 35 Ω eine Spannung U von 10 V, dann ergibt sich eine Stromstärke I von 0,29 A.

Aufgaben

1. Überprüfen Sie das Ableseergebnis aus dem obigen Beispiel durch eine Berechnung!

2. Lesen Sie aus dem Diagramm von Abb.1 die Stromstärken ab, die sich bei Widerständen von 15 Ω, 22 Ω und 31 Ω ergeben!

3. Wie groß ist die Änderung der Stromstärke, wenn sich der Widerstand in der Messschaltung (s. Diagramm Abb.1) von 20 Ω auf 10 Ω verringert?

4. In einem Stromkreis mit konstanter Spannung wird der Widerstand in seinem Wert verdoppelt. Welche Auswirkung hat diese Änderung auf die Stromstärke?

5. Wie groß ist der Widerstand in der Schaltung entsprechend Abb.1 bei I = 0,7 A?

6. Übernehmen Sie die Kennlinie aus Abb.1 auf ein Blatt Papier und zeichnen Sie den Kurvenverlauf für U = 5 V ein.

2.3 Widerstand und Leistung

Die elektrische Kochplatte ist ein wichtiger Energiewandler in der Elektrotechnik. Elektrische Energie wird
benutzt um Wärme zu erzeugen. Je nach Schalterstellung fließt der elektrische Strom durch verschiedene
Heizdrähte (Abb.2). Diese Drähte sind Widerstände und
werden deshalb als Betriebsmittel mit R1, R2 und R3
bezeichnet. Wenn wir die Widerstände als Größen auf-
fassen, verwenden wir eine kursive Schrift und Indizes.

Welche elektrischen Größen spielen bei der Ener-
gieumwandlung in der Kochplatte eine Rolle?

- Die Ursache für den Strom- U
  fluss ist die konstante Netz-   (bleibt konstant)
  spannung von 230 V.

- Der Hersteller hat für jede R
  Schalterstellung einen   (Schalterstellung)
  bestimmten Heizwiderstand
  (oder Kombination) vorge-
  sehen.

- Jeder eingeschaltete Heiz- I
  widerstand verursacht eine   (ist abhängig)
  bestimmte Stromstärke.

- Jeder Schalterstellung ent- P
  spricht eine bestimmte elek-   (ist abhängig)
  trische Leistung.

Welche Abhängigkeit besteht zwischen den Größen?
Aus Erfahrung und auf Grund der bereits in Kap.1.6
erarbeiteten Formel für die Leistung wissen wir, dass
diese von der Spannung U und der Stromstärke I
abhängt. Bei der Kochplatte ändern wir die Stromstärke aber durch Verändern der Widerstände.

Wie die Leistung von der Widerstandseinstellung
abhängt, soll jetzt in einer Laborschaltung untersucht
werden.

1. Zielsetzung
Es soll der Zusammenhang zwischen Leistung und
Widerstand untersucht werden.

2. Planung
Messschaltung zeichnen (Abb. 2).
Geeignete Messgeräte (Strom- und Spannungsmess-
geräte) auswählen.

3. Durchführung
Schaltung aufbauen und einzelne Schaltstufen einstellen ①. Wir ändern dadurch entsprechend den Herstellerangaben die Leistung ②.
Danach messen wir die Stromstärke ③.

4. Auswertung
Widerstand R berechnen wir mit:

$$R = \frac{U}{I} \; ④$$

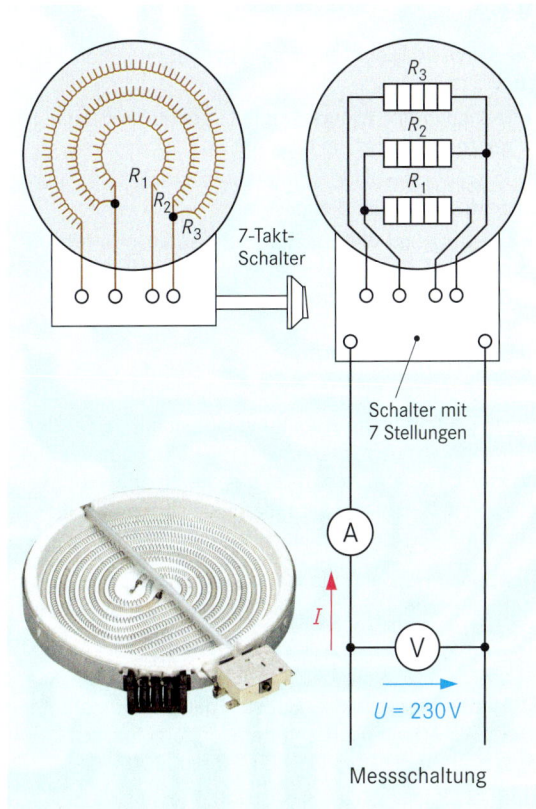

7-Takt-
Schalter

Schalter mit
7 Stellungen

$U = 230\,V$

Messschaltung

2: Elektrische Kochplatte als Energiewandler

Schalt-stufe ①	U = 230 V	U = konstant	
	eingestellt	gemessen	berechnet
	P② in W	I③ in A	R④ in Ω
0	0	0	∞
1	200	0,87	265
2	305	1,33	173
3	450	1,96	118
4	950	4,13	55,7
5	1400	6,09	37,8
6	2000	8,70	26,5

▨ Herstellerangaben

Aus den Tabellenwerten lässt sich bereits die folgende
Abhängigkeit (Wirkungskette) aufstellen:
$$R \uparrow \Rightarrow I \downarrow \Rightarrow P \downarrow \quad \text{und} \quad R \downarrow \Rightarrow I \uparrow \Rightarrow P \uparrow$$

Beispiel:
R wird von 173 Ω nach 265 Ω vergrößert (Schaltstufe
2 nach Schaltstufe 1).

$\Rightarrow$ I sinkt von 1,33 A auf 0,87 A
$\Rightarrow$ P verringert sich von 305 W auf 200 W

Auswertung der Messergebnisse

Die Kurve im Diagramm zeigt einen abfallenden Verlauf.

- Je kleiner der Widerstand bei konstanter Spannung, desto größer ist die Leistung.
- Je größer der Widerstand bei konstanter Spannung, desto kleiner ist die Leistung.
- Leistung und Widerstand sind also umgekehrt proportional. Diese Kurve ist eine Hyperbel. Mathematisch ausgedrückt:

$$P \sim \frac{1}{R}$$

Diese proportionale Beziehung läßt sich in eine Gleichung umwandeln, wenn weitere Größen hinzugefügt werden. Wir vermuten, dass dies die Spannung oder die Stromstärke sein wird, da beide Größen für die Leistung bestimmend sind.

Der Zahlenwert und die Einheit für diese Größe läßt sich ermitteln, indem wir die Proportionalität wie eine Gleichung behandeln und das Produkt aus $P \cdot R$ bilden.

Für jeden Messpunkt ergibt sich dann ein konstanter Wert. Wir erhalten z.B. mit dem letzten Messwert:
$P \cdot R = 2000\,W \cdot 26,5\,\Omega \qquad P \cdot R = 53000\,W\Omega$

Diese etwas ungewöhnliche Einheit $W\Omega$ kann ersetzt werden. Es gilt: $1\,W = 1\,VA$ und $1\,\Omega = 1\,V / 1\,A$. Durch Einsetzen und Kürzen bleibt das Quadrat der Spannung übrig: $P \cdot R = 53000\,V^2$ oder $P \cdot R = (230\,V)^2$. Für die **Leistung** ergibt sich dann die folgende Formel:

$$P = \frac{U^2}{R}$$

Diese Formel macht deutlich, dass z.B. bei konstant bleibendem Widerstand und Verdopplung der Spannung die Leistung auf den vierfachen Wert ansteigt.

In der Formel kann aber auch die Spannung durch die Stromstärke ersetzt werden. Wir setzen $U = I \cdot R$ ein und erhalten:

$$P = \frac{(I \cdot R) \cdot (I \cdot R)}{R} \qquad P = \frac{(I^2 \cdot R^2)}{R}$$

Der Widerstand R lässt sich kürzen. Damit ergibt sich dann:

$$P = I^2 \cdot R$$

Diese letzte Beziehung zeigt, dass die Leistung vom Quadrat der Stromstärke abhängig ist. Eine Verdopplung der Stromstärke sorgt für eine Vervierfachung der Leistung.

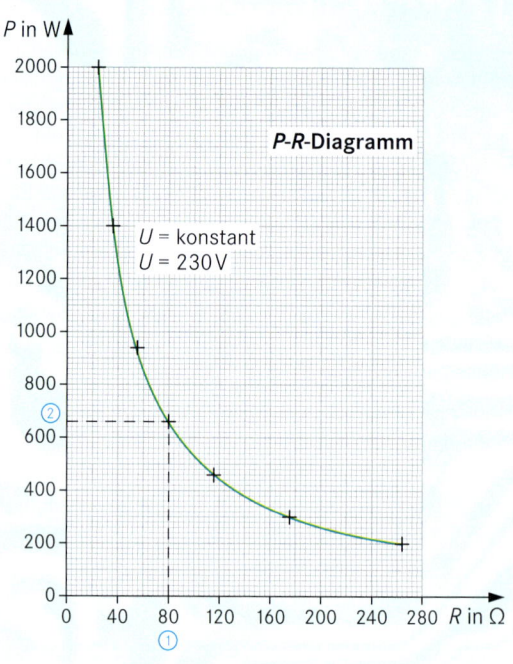

1: Leistung in Abhängigkeit vom Widerstand bei konstanter Spannung

Ablesen von Größen aus Diagrammen

Obwohl für das Zeichnen des Diagramms in Abb. 1 nur 6 Messpunkte verwendet wurden, ist der Kurvenverlauf insgesamt gut erkennbar. Es können auch Werte abgelesen werden, die nicht gemessen wurden.

Beispiel:
Wie groß ist die Leistung, wenn bei der Kochplatte ein Widerstand von 80 Ω eingeschaltet werden könnte?

1. Widerstand von 80 Ω an Widerstands-Achse markieren ①.
2. Linie bis zur Leistungskurve ziehen.
3. Linie vom Schnittpunkt bis zur Leistungs-Achse zeichnen.
4. Leistung von etwa 660 W ablesen ②.

Leistungsberechnung

Der elektrische Widerstand eines Heizlüfters wird mit 100 Ω angegeben. Er ist an 230 V angeschlossen. Wie groß sind Leistung und Stromstärke?

Geg.: $U = 230\,V$; $R = 100\,\Omega$ Ges.: P und I

$$P = \frac{U^2}{R} \qquad P = \frac{230\,V \cdot 230\,V}{100\,\Omega} \qquad P = \frac{52900\,V^2}{100\,\Omega}$$

$$\underline{P = 529\,W}$$

$$I = \frac{U}{R} \qquad I = \frac{230\,V}{100\,\Omega} \qquad \underline{I = 2,3\,A}$$

Leistungsmessung

Die Leistung bei der elektrischen Kochplatte von S. 19 konnte durch die jeweilige Schalterstellung gewählt werden. Sie lässt sich jedoch auch messtechnisch ermitteln. Benötigt wird dazu die anliegende Spannung und die Stromstärke durch das Gerät (Abb. 2). Die Leistung muss dann aus diesen beiden Größen mit $P = U \cdot I$ berechnet werden. Wir bezeichnen dieses als **indirekte** Leistungsmessung.

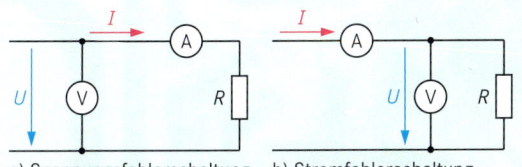

a) Spannungsfehlerschaltung b) Stromfehlerschaltung

2: Indirekte Leistungsmessung mit Strom- und
   Spannungsmessgeräten

Die Messung von Spannung und Stromstärke kann aber auch gleichzeitig in einem Messgerät vorgenommen werden (Abb. 3), sodass die Leistung **direkt** angezeigt wird. Da zwei Größen gemessen werden, sind vier Anschlüsse erforderlich (Abb. 4).

In der Praxis gibt es auch Messgeräte mit drei Anschlüssen, weil zwei Anschlüsse dann gemeinsam genutzt werden.

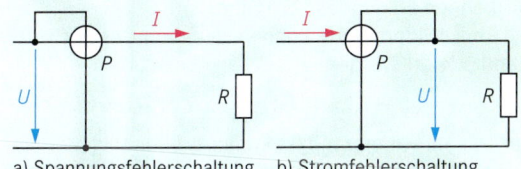

a) Spannungsfehlerschaltung b) Stromfehlerschaltung

3: Direkte Leistungsmessung mit einem Leistungsmessgerät

- Wenn der Widerstand bei konstant bleibender Spannung in einem Stromkreis verringert wird, steigt die Leistung.

- Wenn der Widerstand bei konstant bleibender Spannung in einem Stromkreis vergrößert wird, sinkt die Leistung.

- Wenn der Widerstand konstant bleibt, gibt es zwischen Leistung und Spannung (bzw. der Stromstärke) einen quadratischen Zusammenhang.

- Die Leistung lässt sich indirekt durch Stromstärken- und Spannungsmessung sowie Berechnung bestimmen.

- Bei einem Leistungsmessgerät wird im Messgerät das Produkt aus U und I gebildet und direkt als Leistung angezeigt.

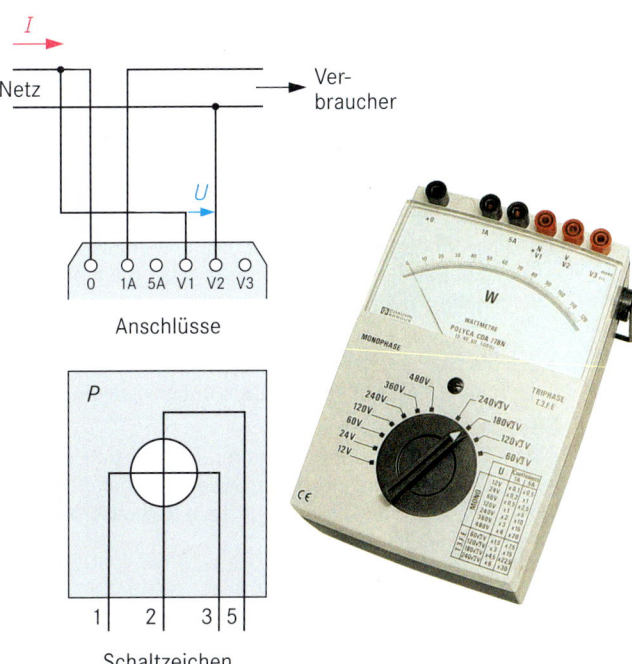

Anschlüsse

Schaltzeichen

4: Leistungsmesser

Aufgaben

1. Bei der Kochplatte in Abb. 2 auf S. 19 wird
a) von Stufe 1 nach 2 und
b) von Stufe 3 nach 2 geschaltet.
Welche Größen ändern sich und welche bleiben konstant?

2. Ermitteln Sie mit dem P-R-Diagramm in Abb. 1 folgende Größen:
a) Leistung bei $R = 200\ \Omega$ und
b) Widerstand bei $P = 1$ kW!

3. Beschreiben Sie die Unterschiede der beiden Messschaltungen von Abb. 3!

4. Die Kochplatte (Abb. 2, S. 19) wird an einem 110 V-Netz betrieben. In welchem Bereich (oberhalb oder unterhalb) würde eine neu aufgenommene Kurve im Vergleich zur ursprünglichen Kurve liegen?

5. Ein Heizgerät ist an 230 V angeschlossen und hat eine Leistung von 4 kW.
Wie groß ist der elektrische Widerstand?

6. Wie ändert sich die Leistung in einem Stromkreis mit konstanter Spannung, wenn der Widerstand
a) verdoppelt bzw.
b) auf die Hälfte verringert wird?

7. Zwei Glühlampen von 100 W und 25 W werden an 230 V betrieben.
Ermitteln Sie die jeweilige Stromstärke!

2.4 Schaltungen mit Widerständen

2.4.1 Grundschaltungen

Um bei der Kochplatte verschiedene Leistungen zu erzielen sind die Widerstände unterschiedlich zusammengeschaltet worden (Abb. 1).

- In der linken Spalte 1 sind verschiedene Schalterstellungen mit den Leistungen aufgeführt.
- In der Mitte (Spalte 2) befindet sich vereinfacht der Schalter mit der Widerstandsschaltung. Die eingeschalteten Widerstände sind farblich gekennzeichnet.
- Rechts (Spalte 3) ist der jeweilige vereinfachte Stromlaufplan für die Widerstandsschaltung zu sehen.

Die Stromlaufpläne zeigen:
Die Widerstände sind einzeln hintereinander (in Reihe; in Serie) oder nebeneinander (parallel) geschaltet. Man nennt diese Schaltungen deshalb **Reihenschaltung** bzw. **Parallelschaltung.**

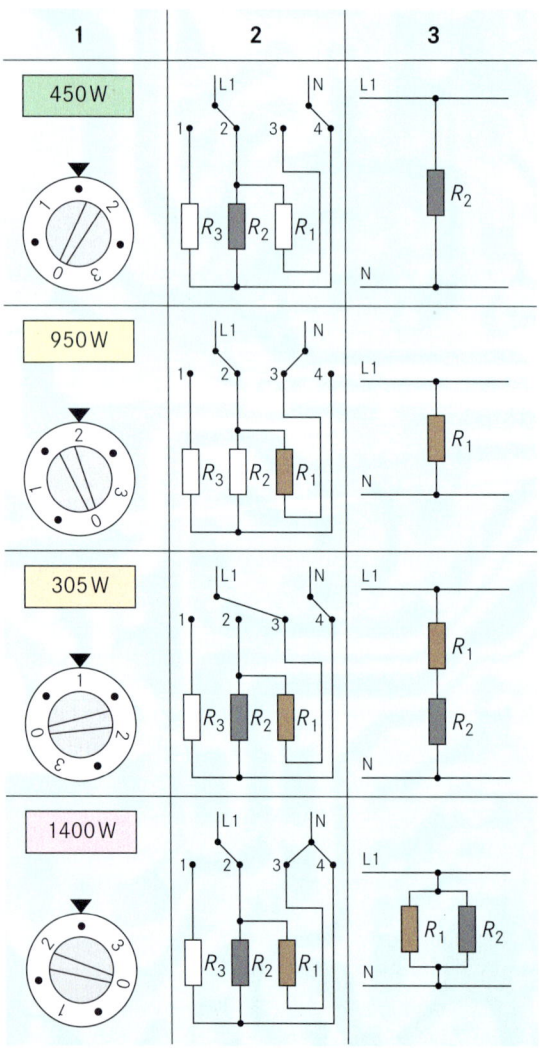

1: Widerstandsschaltungen in der Kochplatte

Welche Gesetzmäßigkeiten gibt es bei Widerstandsschaltungen?

Mithilfe der auf S. 19 festgehaltenen Mess- und Einstellwerte sowie den Schaltungen aus Abb. 1 können wir bereits wichtige Erkenntnisse gewinnen. Wir untersuchen folgende Fälle:

450 W Nur der Widerstand R_2 ist eingeschaltet.

Am Widerstand liegt die Netzspannung von 230 V. Der Widerstand R_2 = 118 Ω verursacht eine Stromstärke von I_2 = 1,96 A (vgl. S. 19).

950 W Nur der Widerstand R_1 ist eingeschaltet.

Am Widerstand liegt die Netzspannung von 230 V. Der Widerstand R_1 = 55,7 Ω verursacht eine Stromstärke von I_1 = 4,13 A (vgl. S. 19).
Im Vergleich zu 450 W: $I_1 > I_2$, da $R_1 < R_2$.

305 W Die Widerstände R_1 und R_2 sind **in Reihe** geschaltet.

Die Netzspannung von 230 V liegt an den beiden Widerständen. Sie kann deshalb nicht vollständig für jeden Widerstand „wirksam" werden. Das „Hindernis" dieser in Reihe geschalteten Widerstände ist also größer, als wenn ein einzelner Widerstand an der Netzspannung liegen würde.

Wir können Folgendes vermuten:
Die Einzelwiderstände können zu einem Gesamtwiderstand addiert werden.

$$R_1 + R_2 = 55,7 \text{ Ω} + 118 \text{ Ω} \qquad R_1 + R_2 = 173,7 \text{ Ω}$$

Der Gesamtwiderstand ist immer größer als jeder einzelne Widerstand.

Dieser Sachverhalt drückt sich auch in der geringeren Stromstärke ($I_{1,2}$ = 1,33 A) und in der geringeren Gesamtleistung ($P_{1,2}$ = 305 W) aus (vgl. S. 19).

1400 W Die Widerstände R_1 und R_2 sind **parallel** geschaltet.

An jedem Widerstand liegt wie bei den Schalterstellungen für 450 W und 950 W die Netzspannung von 230 V. Die einzelnen Stromstärken können also zu einer Gesamtstromstärke und die Einzelleistungen zu einer Gesamtleistung addiert werden.

$$I_1 + I_2 = 4,13 \text{ A} + 1,96 \text{ A} \qquad I_1 + I_2 = 6,09 \text{ A}$$
$$P_1 + P_2 = 950 \text{ W} + 450 \text{ W} \qquad P_1 + P_2 = 1400 \text{ W}$$

Die einzelnen Widerstände dagegen dürfen nicht addiert werden. Der Gesamtwiderstand von 37,8 Ω (Berechnung s. unten) ist kleiner als jeder Einzelwiderstand (55,7 Ω und 118 Ω).

$$R_g = \frac{230 \text{ V}}{6,09 \text{ A}} \qquad R_g = 37,8 \text{ Ω}$$

Parallelschaltung

Aus den vorangegangenen Überlegungen ist über die Parallelschaltung bereits Folgendes bekannt:

Für parallel geschaltete Widerstände gibt es eine **gemeinsame Größe:**
Die **Spannung** U.

Die gesamte Stromstärke I_g kann ermittelt werden, indem die einzelnen Stromstärken addiert werden.

$$I_g = I_1 + I_2 + \dots + I_n$$ **1. Kirchhoffsches Gesetz**

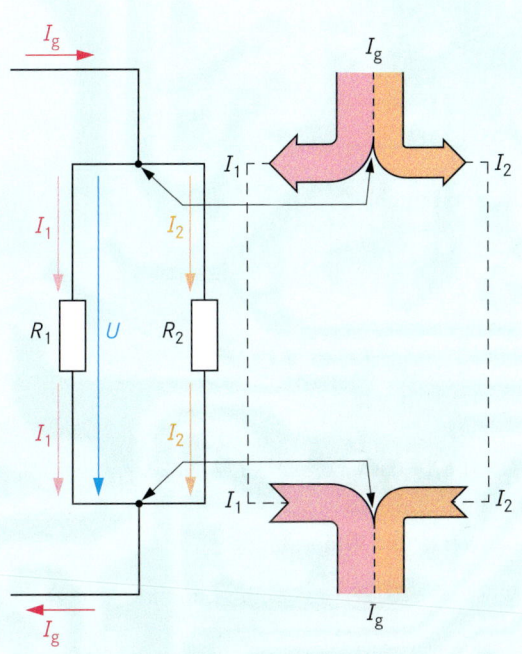

1: Stromverzweigung

Die gesamte Leistung P_g setzt sich aus den Einzelleistungen zusammen.

$$P_g = P_1 + P_2 + \dots + P_n$$

- In der Parallelschaltung von Widerständen ist die Spannung an allen Widerständen gleich.
- Bei der Parallelschaltung ist die Gesamtstromstärke I_g gleich der Summe der Einzelstromstärken.
- Bei der Parallelschaltung ist die Gesamtleistung P_g gleich der Summe der Einzelleistungen.
- Bei der Parallelschaltung ist der gesamte Widerstand R_g stets kleiner als der kleinste Einzelwiderstand.

Reihenschaltung

Aus den vorangegangenen Überlegungen ist über die Reihenschaltung bereits Folgendes bekannt:

Für in Reihe geschaltete Widerstände gibt es eine **gemeinsame Größe:**
Die **Stromstärke** I.

Die gesamte Spannung U_g teilt sich auf. Sie kann ermittelt werden, indem die einzelnen Spannungen addiert werden.

$$U_g = U_1 + U_2 + \dots + U_n$$ **2. Kirchhoffsches Gesetz**

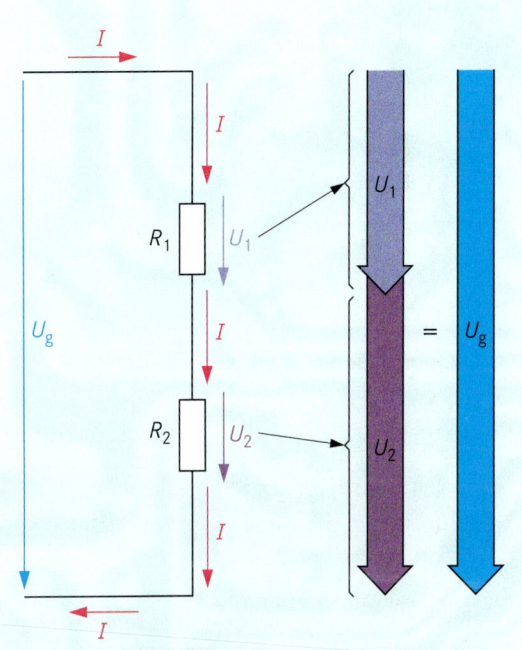

2: Spannungsaufteilung

Die gesamte Leistung P_g setzt sich aus den Einzelleistungen zusammen.

$$P_g = P_1 + P_2 + \dots + P_n$$

- In der Reihenschaltung von Widerständen fließt durch alle Widerstände derselbe Strom.
- Bei der Reihenschaltung ist die Gesamtspannung U_g gleich der Summe der Einzelspannungen.
- Bei der Reihenschaltung ist die Gesamtleistung P_g gleich der Summe der Einzelleistungen.
- Bei der Reihenschaltung ist der gesamte Widerstand R_g stets größer als der kleinste Einzelwiderstand.

2.4.2 Gesamtwiderstände

Wie lässt sich aus den Einzelwiderständen der insgesamt wirksame Widerstand ermitteln?

Diese Frage kann auf mathematischem Wege beantwortet werden. Wir verwenden dazu die bereits bekannten formelmäßigen Beziehungen.

Parallelschaltung

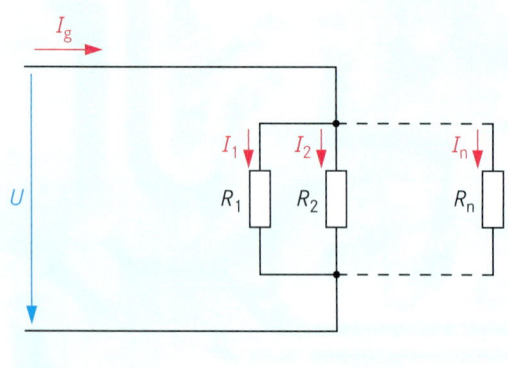

1. Grundformel für die **Stromverzweigung:**

$$I_g = I_1 + I_2 + \dots + I_n$$

2. Formeln für die einzelnen **Stromstärken:**

$$I_g = \frac{U}{R_g}; \qquad I_1 = \frac{U}{R_1}; \qquad I_2 = \frac{U}{R_2}; \quad \dots \quad I_n = \frac{U}{R_n}$$

3. **Formeln** der einzelnen Stromstärken in die Grundformeln für die Stromverzweigung **einsetzen.**

$$I_g = \frac{U}{R_g} = \frac{U}{R_1} + \frac{U}{R_2} + \dots + \frac{U}{R_n}$$

4. Durch die **gemeinsame Größe** (Spannung U) **teilen.**

$$\frac{1}{R_g} = \frac{1}{R_1} + \frac{1}{R_2} + \dots + \frac{1}{R_n}$$

Die Kehrwerte der Widerstände können durch die Leitwerte ersetzt werden.

5. Ergebnis:

$$\boxed{G_g = G_1 + G_2 + \dots + G_n} \qquad \boxed{R_g = \frac{1}{G_g}}$$

- Bei der Parallelschaltung von Widerständen lässt sich der Gesamtleitwert durch die Addition der Einzelleitwerte ermitteln.

Die in der linken Spalte vorgenommene Herleitung der Formel für den Gesamtwiderstand soll durch die folgende Aufgabe vertieft werden.

Parallelschaltung aus drei Widerständen

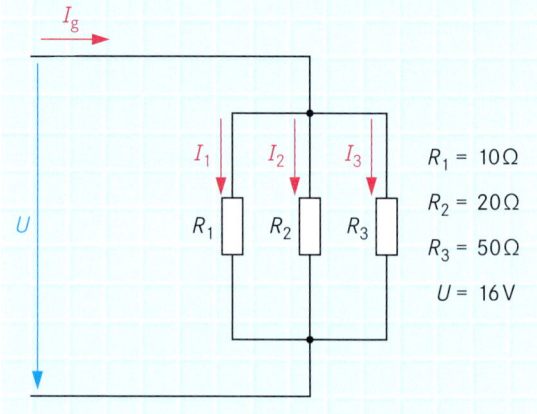

$R_1 = 10\,\Omega$

$R_2 = 20\,\Omega$

$R_3 = 50\,\Omega$

$U = 16\,V$

Stromstärken

$$I_1 = \frac{U}{R_1} \qquad I_1 = \frac{16\,V}{10\,\Omega} \qquad \underline{\underline{I_1 = 1,6\,A}}$$

$$I_2 = \frac{U}{R_2} \qquad I_2 = \frac{16\,V}{20\,\Omega} \qquad \underline{\underline{I_2 = 0,8\,A}}$$

$$I_3 = \frac{U}{R_3} \qquad I_3 = \frac{16\,V}{50\,\Omega} \qquad \underline{\underline{I_3 = 0,32\,A}}$$

$$I_g = 1,6\,A + 0,8\,A + 0,32\,A \qquad \underline{\underline{I_g = 2,72\,A}}$$

Leitwerte und Widerstände

$$G_1 = \frac{1}{R_1} \qquad G_1 = \frac{1}{10\,\Omega} \qquad \underline{G_1 = 100\,mS}$$

$$G_2 = \frac{1}{R_2} \qquad G_2 = \frac{1}{20\,\Omega} \qquad \underline{G_2 = 50\,mS}$$

$$G_3 = \frac{1}{R_3} \qquad G_3 = \frac{1}{50\,\Omega} \qquad \underline{G_3 = 20\,mS}$$

$$G_g = G_1 + G_2 + G_3 \qquad G_g = 100\,mS + 50\,mS + 20\,mS$$

$$\underline{\underline{G_g = 170\,mS}}$$

$$R_g = \frac{1}{G_g} \qquad R_g = \frac{1}{170\,mS} \qquad \underline{R_g = 5,9\,\Omega}$$

Widerstandsformel für zwei parallel geschaltete Widerstände:

$$\frac{1}{R_g} = \frac{1}{R_1} + \frac{1}{R_2} \qquad \text{Hauptnenner: } R_1 \cdot R_2 \qquad \frac{1}{R_g} = \frac{R_2}{R_1 \cdot R_2} + \frac{R_1}{R_1 \cdot R_2}$$

$$\frac{1}{R_g} = \frac{R_2 + R_1}{R_1 \cdot R_2} \qquad \boxed{R_g = \frac{R_1 \cdot R_2}{R_1 + R_2}}$$

Reihenschaltung

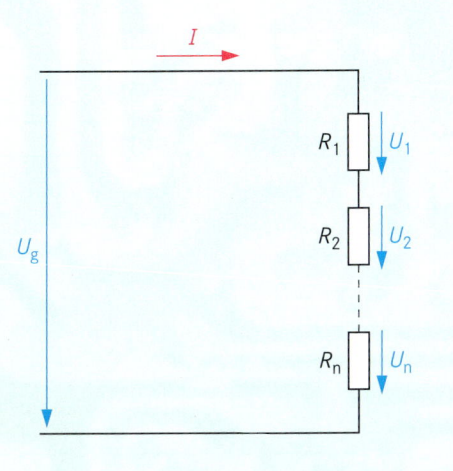

1. Grundformel für die **Spannungsaufteilung:**

   $U_g = U_1 + U_2 + ... + U_n$

2. Formeln für die einzelnen **Spannungen:**

   $U_g = I \cdot R_g$

   $U_1 = I \cdot R_1$

   $U_2 = I \cdot R_2; ...$

   $U_n = I \cdot R_n$

3. **Formeln** der Spannungen in die Formel für die Spannungsaufteilung **einsetzen.**

   $I \cdot R_g = I \cdot R_1 + I \cdot R_2 + ... + I \cdot R_n$

4. Durch die **gemeinsame Größe** (Stromstärke I) teilen.

   $R_g = R_1 + R_2 + ... + R_n$

5. Ergebnis:

   $R_g = R_1 + R_2 + ... + R_n$

> ■ Bei der Reihenschaltung von Widerständen lässt sich der Gesamtwiderstand durch die Addition der Einzelwiderstände ermitteln.

Die vorgenommene Herleitung der Formel für den Gesamtwiderstand soll durch die folgende Aufgabe vertieft werden.

Reihenschaltung aus drei Widerständen

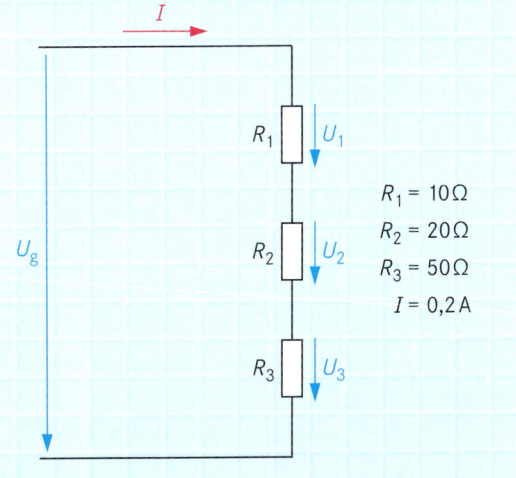

$R_1 = 10\,\Omega$
$R_2 = 20\,\Omega$
$R_3 = 50\,\Omega$
$I = 0{,}2\,A$

Spannungen

$U_1 = I \cdot R_1$	$U_1 = 0{,}2\,A \cdot 10\,\Omega$	$U_1 = 2\,V$
$U_2 = I \cdot R_2$	$U_2 = 0{,}2\,A \cdot 20\,\Omega$	$U_2 = 4\,V$
$U_3 = I \cdot R_3$	$U_3 = 0{,}2\,A \cdot 50\,\Omega$	$U_3 = 10\,V$
$U_g = 2\,V + 4\,V + 10\,V$		$U_g = 16\,V$

Gesamtwiderstand

$R_g = R_1 + R_2 + R_3$

$R_g = 10\,\Omega + 20\,\Omega + 50\,\Omega$ $R_g = 80\,\Omega$

Aufgaben

1. Überprüfen Sie durch Berechnung den Wert des Gesamtwiderstandes aus dem Beispiel von S. 24 mit Hilfe der Spannung und der Gesamtstromstärke!

2. Eine Parallelschaltung aus zwei Widerständen ist an eine Spannungsquelle angeschlossen. Ein Widerstand wird verkleinert.
Welche Größen verändern sich in welcher Weise? Welche ändern sich nicht?

3. Überprüfen Sie durch Berechnung den Wert des Gesamtwiderstandes aus dem Beispiel auf dieser Seite mit Hilfe der Gesamtspannung und der Stromstärke!

4. Eine Reihenschaltung aus zwei Widerständen ist an eine Spannungsquelle angeschlossen. Ein Widerstand wird vergrößert.
Welche Größen verändern sich in welcher Weise? Welche ändern sich nicht?

2.4.3 Gruppenschaltungen

Bei der elektrischen Kochplatte konnten unterschiedliche Leistungen (Wärmewirkungen) mit Hilfe von Reihen- und Parallelschaltungen von Widerständen erreicht werden. Die geringste Leistung (200 W) trat bei der Reihenschaltung und die größte Leistung (2000 W) bei der Parallelschaltung der drei Widerstände auf.

Wenn andere Leistungen erreicht werden sollen, könnten die drei Widerstände aber auch in anderer Weise zusammengeschaltet werden.

Es gibt sechs verschiedene Möglichkeiten. Für zwei Fälle sollen jetzt die jeweiligen Leistungen ermittelt werden.

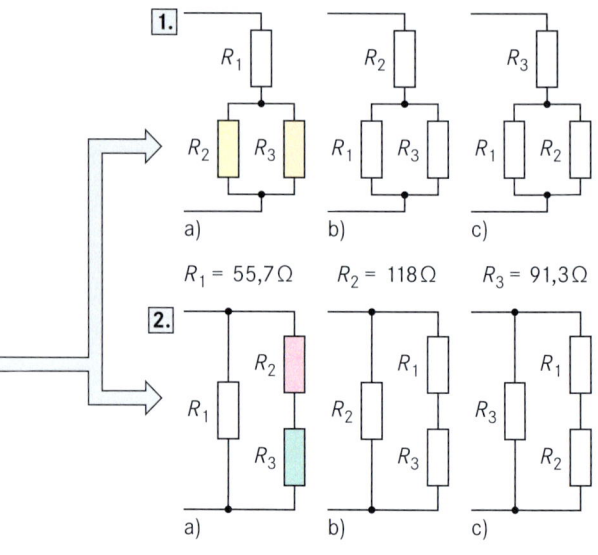

$R_1 = 55{,}7\,\Omega$ $R_2 = 118\,\Omega$ $R_3 = 91{,}3\,\Omega$

Gruppenschaltung

Zum Widerstand R_1 liegt eine Parallelschaltung aus den Widerständen in R_2 und R_3 in Reihe.

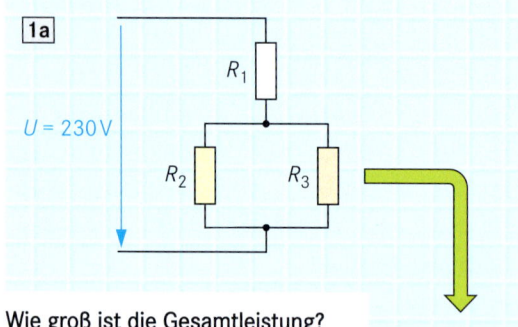

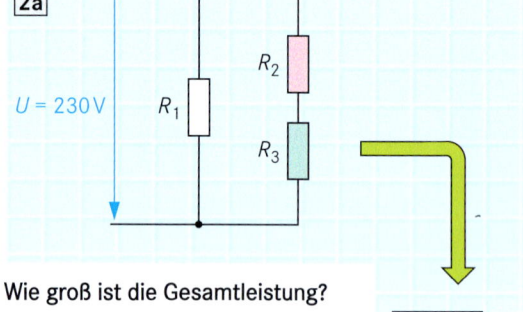

Wie groß ist die Gesamtleistung?

Die Aufgabe wird schrittweise gelöst:

1. Schaltung so verändern, dass eine Grundschaltung deutlich wird.
   ⇒ Die Parallelschaltung aus R_2 und R_3 kann zu einem einzigen Widerstand R_{23} zusammengefasst werden.

   Kurzschreibweise:
   $R_{23} = R_2 \,\|\, R_3$ (∥ bedeutet: parallel)
   $R_{23} = 51{,}5\,\Omega$

   Ergebnis:
   Es ist nur noch **eine Reihenschaltung** aus zwei Widerständen vorhanden.

2. Der Gesamtwiderstand lässt sich jetzt durch Addition ermitteln:
   $R_g = R_1 + R_{23}$
   $R_g = 55{,}7\,\Omega + 51{,}5\,\Omega$
   $R_g = 107{,}2\,\Omega$

3. Leistung berechnen:
   $P_g = \dfrac{U^2}{R_g}$ $P_g = \dfrac{(230\ \text{V})^2}{107{,}2\,\Omega}$

   $\underline{P_g = 493{,}5\ \text{W}}$

Wie groß ist die Gesamtleistung?

Die Aufgabe wird schrittweise gelöst:

1. Schaltung so verändern, dass eine Grundschaltung deutlich wird.
   ⇒ Die Reihenschaltung aus R_2 und R_3 kann zu einem einzigen Widerstand R_{23} zusammengefasst werden.

   $R_{23} = R_2 + R_3$
   $R_{23} = 118\,\Omega + 91{,}3\,\Omega$
   $R_{23} = 209{,}3\,\Omega$

   Ergebnis:
   Es ist nur noch **eine Parallelschaltung** aus zwei Widerständen vorhanden.

2. Der Gesamtwiderstand lässt sich jetzt ermitteln:
   $R_g = R_1 \,\|\, R_{23}$
   $R_g = 44\,\Omega$

3. Leistung berechnen:
   $P_g = \dfrac{U^2}{R_g}$ $P_g = \dfrac{(230\ \text{V})^2}{44\,\Omega}$

   $\underline{P_g = 1202\ \text{W}}$

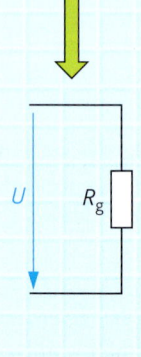

Beispiel für die Ermittlung des Gesamtwiderstandes einer Gruppenschaltung

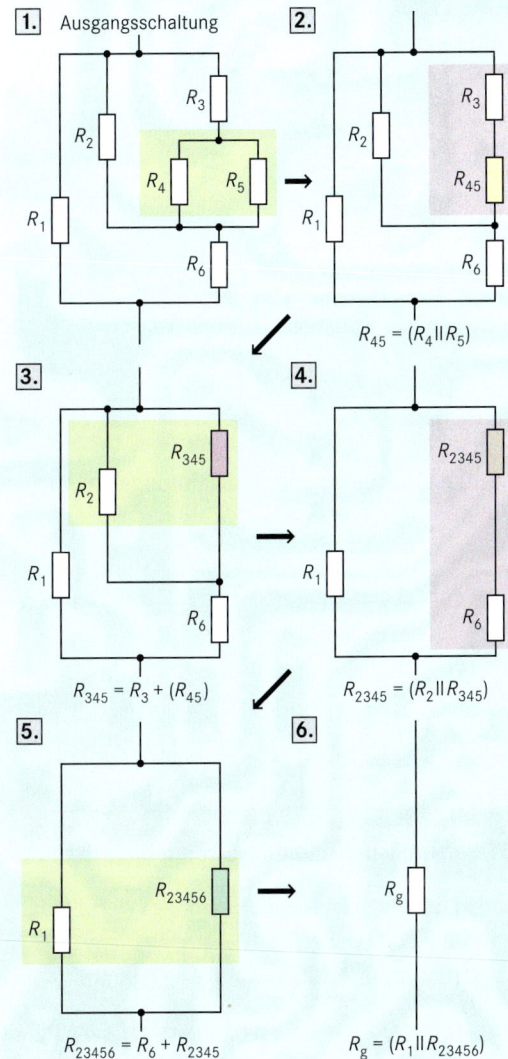

1. Ausgangsschaltung

2.

$R_{45} = (R_4 \parallel R_5)$

3.

4.

$R_{345} = R_3 + (R_{45})$ $R_{2345} = (R_2 \parallel R_{345})$

5.

6.

$R_{23456} = R_6 + R_{2345}$ $R_g = (R_1 \parallel R_{23456})$

■ Schritte bei der Ermittlung des Gesamtwiderstandes einer Gruppenschaltung:

1. Eine Grundschaltung (Parallel- oder Reihenschaltung) aus zwei oder mehreren Widerständen ($R_1 \dots R_n$) suchen und zu einem einzelnen Widerstand (R_{1n}) zusammenfassen.

2. Neuen Stromlaufplan der Gruppenschaltung mit dem zusammengefassten Widerstand (R_{1n}) zeichnen.

3. Im Stromlaufplan eine weitere neu entstandene Grundschaltung suchen, diese zu einem einzelnen Widerstand zusammenfassen usw., bis nur noch der Gesamtwiderstand vorhanden ist.

Aufgaben

1. Berechnen Sie für die Gruppenschaltung 1a (S. 26)
a) die Spannungen an R_1, R_2 und R_3,
b) die Stromstärken durch R_1, R_2 und R_3,
c) die Leistungen der einzelnen Widerstände!

2. Berechnen Sie für die Gruppenschaltung 1b (S. 26)
a) die Spannungen an R_2 und an R_3,
b) die Stromstärken durch R_1, R_2 und R_3,
c) die Leistungen der einzelnen Widerstände!

3. Zeichnen Sie die Gruppenschaltung 1a (S. 26) ab und kennzeichnen Sie durch Pfeile:
U (Gesamtspannung),
U_1 (Spannung an R_1),
U_{23} (Spannung an R_2 und R_3),
I_1 (Stromstärke durch R_1),
I_2 (Stromstärke durch R_2),
I_3 (Stromstärke durch R_3) und I_g.
Die Schaltung liegt weiterhin an 230 V. Der Widerstand R_3 wird jetzt verkleinert.
Wie wirkt sich diese Änderung auf folgende Größen aus (größer, kleiner oder konstant angeben)?
a) R_{23}, R_g c) U_1, U_2, U_3
b) I_1, I_2, I_3, I_g d) P_1, P_2, P_3, P_g

4. Zeichnen Sie die Gruppenschaltung 1b (S. 26) ab und kennzeichnen Sie die Größen durch Strom- und Spannungspfeile (s. Aufgabe 3).
Die Schaltung liegt weiterhin an 230 V. Der Widerstand R_3 wird jetzt vergrößert.
Wie wirkt sich diese Änderung auf folgende Größen aus (größer, kleiner oder konstant angeben)?
a) R_{23}, R_g c) U_2, U_3
b) I_1, I_{23}, I_g d) P_1, P_2, P_3, P_g

5. Für die Widerstandsschaltung sind folgende Größen gegeben:
$R = 50\ \Omega$, $U = 115$ V.
Berechnen Sie
I_1, I_2, I_3, I_4 und I_g!

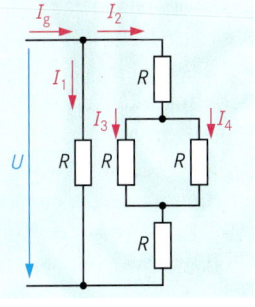

6. Für die Widerstandsschaltung sind folgende Größen gegeben:
$R_1 = 20\ \Omega$, $R_2 = 15\ \Omega$,
$U_1 = 115$ V, $I_2 = 2$ A.
Berechnen Sie I_g, I_3, U_{23}, U_g, R_3 und R_g!

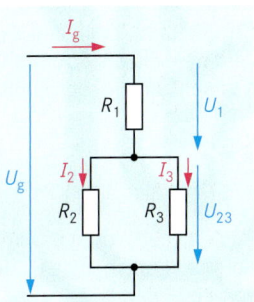

2.4.4 Messung von Widerständen

Bei einem Heizwiderstand mit dem Bemessungswert von $R = 820\ \Omega$ soll überprüft werden, ob sein Wert durch den langen Gebrauch noch innerhalb der Toleranz von 10 % liegt ($738\ \Omega$ bis $902\ \Omega$). Es bietet sich an den Wert indirekt durch eine Messung von Stromstärke und Spannung mit anschließender Berechnung zu ermitteln.

Indirekte Widerstandsbestimmung

In Abb. 1 ist der dazugehörige Messaufbau zu sehen. Das Strommessgerät liegt in Reihe mit dem Widerstand. Aus den Messergebnissen ergibt sich folgender Wert:

$$R = \frac{U}{I} \qquad R = \frac{8,5\ V}{9,5\ mA} \qquad \underline{\underline{R = 895\ \Omega}} \qquad \text{Wert aus Spannungsfehlerschaltung}$$

Dieses ist jedoch noch nicht der „richtige" Wert!

Begründung:
Durch die Messgeräte fließen Ströme. Dadurch liegt an jedem Messgerät eine Spannung. Die Messgeräte können deshalb auch als Widerstände aufgefasst werden (**Innenwiderstand** R_{iA} und R_{iV}, Abb. 2).

Zu dem zu messenden Widerstand R liegt R_{iA} in Reihe. Der Strom fließt durch diese beiden Widerstände. Die Stromstärke wird also „richtig" gemessen. Die gemessene Spannung ist aber nicht die zur Berechnung erforderliche Spannung am Widerstand R, sondern die größere Gesamtspannung (Spannung am Widerstand und am Messgerät). Die Schaltung wird deshalb als **Spannungsfehlerschaltung** bezeichnet.

Wie lässt sich der genaue Widerstandswert bestimmen?

Der berechnete Widerstand von $895\ \Omega$ muss um den **Innenwiderstand** des Strommessgerätes ($R_{iA} = 30\ \Omega$, Abb. 2) verringert werden:
$$R = 895\ \Omega - 30\ \Omega \qquad \underline{R = 865\ \Omega}$$
Der ermittelte Wert liegt noch innerhalb der Toleranz von 10 %.

Der Widerstand kann aber auch mit einer Schaltung ermittelt werden, in der die Spannung am Widerstand R „richtig" gemessen wird (Abb. 3). Das Spannungsmessgerät mit $R_{iV} = 100\ k\Omega$ liegt in diesem Fall parallel zu R und es fließt auch durch das Messgerät ein Strom. Die gemessene Stromstärke ist also größer als die Stromstärke durch den Widerstand R. Die Schaltung wird deshalb als **Stromfehlerschaltung** bezeichnet.
Aus den gemessenen Größen ergibt sich folgender Wert:

$$R = \frac{U}{I} \qquad R = \frac{8,5\ V}{9,9\ mA} \qquad \underline{\underline{R = 859\ \Omega}} \qquad \text{Wert aus Stromfehlerschaltung}$$

Auch dieser Wert muss korrigiert werden. Er liegt aber bereits deutlich in der Nähe des „richtigen" Wertes von $865\ \Omega$.

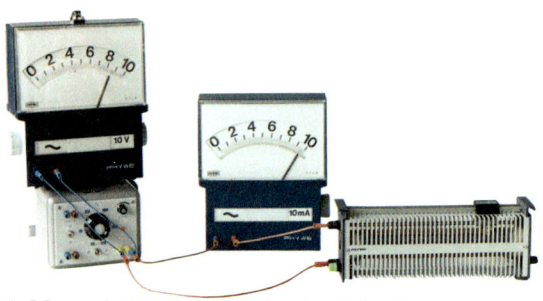

1: Messschaltung zur Widerstandsbestimmung

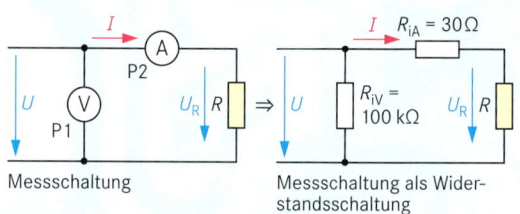

Messschaltung   Messschaltung als Widerstandsschaltung

2: Widerstandsbestimmung (Spannungsfehlerschaltung)

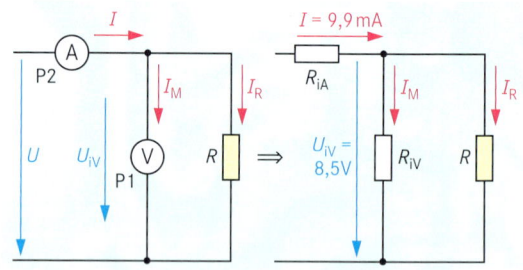

3: Widerstandsbestimmung (Stromfehlerschaltung)

Aus den Größen lässt sich der „richtige" Wert für den Widerstand R berechnen:

$$I_M = \frac{U}{R_{iV}} \qquad I_M = \frac{8,5\ V}{100\ k\Omega} \qquad I_M = 0,085\ mA$$

$$I_R = I - I_M \qquad I_R = 9,9\ mA - 0,085\ mA \qquad I_R = 9,815\ mA$$

$$R = \frac{U_{iv}}{I_R} \qquad R = \frac{8,5\ V}{9,815\ mA} \qquad \underline{R = 866\ \Omega}$$

Die Beispiele haben uns gezeigt, dass durch eine geeignete Messschaltung auf eine Korrektur unter Umständen verzichtet werden kann, wenn Folgendes beachtet wird:

- Stromfehlerschaltung für $R \ll R_{iV}$
- Spannungsfehlerschaltung für $R \gg R_{iA}$

- Bei der indirekten Bestimmung von Widerständen mit Strom- und Spannungsmessgeräten müssen die angezeigten Werte korrigiert werden.

- Bei der Spannungsfehlerschaltung ist die angezeigte Messspannung zu groß.

- Bei der Stromfehlerschaltung ist die angezeigte Stromstärke zu groß.

Direkte Widerstandsmessung

Das indirekte Messverfahren für die Widerstandsbestimmung mit Strom- und Spannungsmessgeräten ist umständlich. In der Elektrotechnik werden deshalb verschiedene direkt anzeigende Messgeräte verwendet.

Das Widerstandsmessgerät nach dem **Strommessprinzip** (Abb. 5) besteht prinzipiell aus der folgenden Reihenschaltung:

- Spannungsquelle,
- Anzeigeinstrument (Strommessgerät),
- Widerstände (Einstell- und Festwiderstand).

Der zu messende Widerstand liegt ebenfalls in Reihe.

Wie arbeitet dieses Messgerät?

Dazu betrachten wir zunächst zwei Fälle:

1. Die Anschlüsse sind offen. Der zu messende Widerstand ist nahezu unendlich groß (Unterbrechung).

Es fließt kein Strom und der Zeiger des Messgerätes (Strommessgerät) befindet sich links ① in der **Anfangsstellung.** Unser angezeigter Wert auf der Skala muss den Wert „unendlich" besitzen.

2. Die Anschlüsse sind „kurzgeschlossen" (mit einer Leitung verbunden). Wir können deshalb sagen: Der Widerstand ist nahezu null Ohm.

Es fließt ein Strom, der von der Spannungsquelle und den in Reihe geschalteten Widerständen abhängig ist. Wir stellen jetzt den Widerstand R_{V1} so ein, dass sich der Zeiger rechts auf der Skala in der Maximalstellung (**Nullstellung,** null Ohm) ② befindet.

Schalten wir jetzt den zu messenden Widerstand in den Stromkreis ein, liegt der Zeigerausschlag zwischen diesen Extremwerten. Die Skala ist jedoch nichtlinear (Abb. 5). Die Abstände zwischen zwei durch Linien getrennte Bereiche sind immer unterschiedlich (z.B. zwischen 1 und 2, zwischen 2 und 3 usw.).

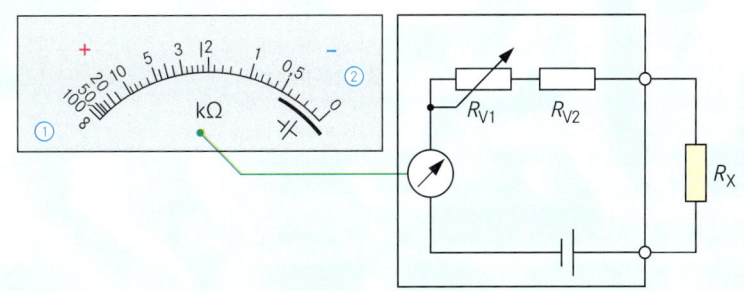

5: Widerstandsmessgerät nach dem Strommessprinzip

Direkt anzeigende Widerstandsmessgeräte gibt es auch mit **digitaler Anzeige.** In ihnen wird durch den zu messenden Widerstand ein kleiner Strom geschickt (Abb. 4), die Spannung an ihm gemessen und dieser Wert in einen entsprechenden Widerstandswert umgerechnet und angezeigt.

- Bei der Widerstandsmessung nach dem Strommessprinzip wird die Stromstärke durch den unbekannten Widerstand gemessen. Der Widerstandswert ist auf einer nichtlinearen Skala in Ohm direkt ablesbar.

- Vor jeder Messung mit einem Widerstandsmessgerät nach dem Strommessprinzip muss der Nullpunkt (null Ohm, rechts) eingestellt werden.

Aufgaben

1. Ermitteln Sie für die Spannungsfehlerschaltung in Abb. 2 die Spannung am Strommessgerät und die Stromstärke durch das Spannungsmessgerät!

2. Wie groß ist in der Stromfehlerschaltung (Abb. 3) die Spannung am Strommessgerät (R_{iA} = 30 Ω)?

3. Ein Widerstand von etwa 300 Ω soll mit einer Stromstärke- und Spannungsmessung bestimmt werden. Das Strommessgerät hat einen Innenwiderstand von 10 Ω und das Spannungsmessgerät einen Wert von 100 kΩ.
Welche Messschaltung ist auszuwählen (Begründung)?

4. In einer Stromfehlerschaltung werden folgende Werte gemessen:
Bei einem Messbereich von 300 mA beträgt I = 200 mA. Es entsteht dabei ein Spannungsfall von 55 mV am Strommessgerät.
Bei einem Messbereich von 10 V beträgt U = 5 V. Das Spannungsmessgerät hat einen Innenwiderstand von 100 kΩ/V.
a) Wie groß ist der Widerstand ohne und mit Korrektur?
b) Mit dem unbekannten Widerstand wird eine Spannungsfehlerschaltung aufgebaut. Welche Werte (Spannungen und Stromstärken) ergeben sich für diese Schaltung?

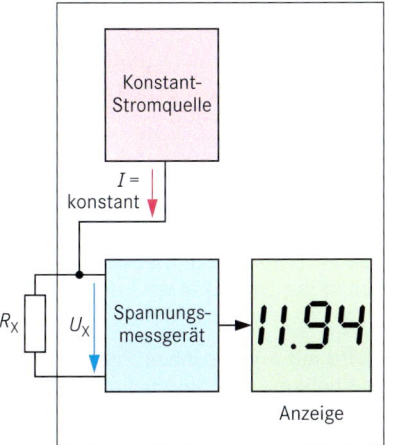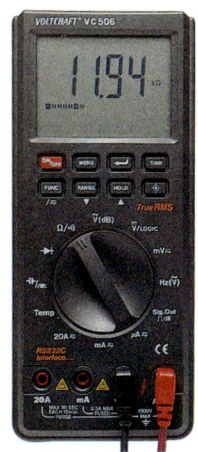

4: Digital anzeigendes Widerstandsmessgerät

Brückenschaltung

Der grundsätzliche Aufbau einer Brückenschaltung ist in Abb. 1 zu sehen. Jeweils zwei in Reihe geschaltete Widerstände liegen parallel. Der Widerstand R_x ist der unbekannte Widerstand. Das Anzeigeinstrument liegt wie eine „Brücke" zwischen den Widerständen. Wenn kein Strom durch das Instrument fließt (Nullstellung), befindet sich der Zeiger in der Mitte der Skala. Dieser Zustand kann mit R_2 eingestellt werden. Die Schaltung wird mit einer Spannungsquelle betrieben.

Messen mit der Brückenschaltung

1. Den unbekannten Widerstand R_x anschließen. Der in der Mitte befindliche Zeiger des Strommessgerätes schlägt nach einer Seite aus.
2. Den einstellbaren Widerstand R_2 so lange verändern, bis sich der Zeiger wieder in der Nullstellung (Mittelstellung) befindet. Es fließt dann durch das Anzeigeinstrument kein Strom. Wir nennen diesen Zustand **„abgeglichene Brücke"**. Der Wert des unbekannten Widerstandes kann jetzt an einer Skala abgelesen werden.

Warum fließt im abgeglichenen Zustand kein Strom im Brückenzweig?

Diese Frage lässt sich beantworten, wenn wir Formeln und Gesetzmäßigkeiten des elektrischen Stromkreises auf diese Schaltung anwenden.

- Die Spannungsquelle verursacht in jeder Reihenschaltung einen Strom.
- I_1 fließt durch R_x und R_2 (Einstellwiderstand).
- I_2 fließt durch R_3 und R_4 (Festwiderstände).
- Die Spannung teilt sich in jedem Zweig entsprechend den Widerständen auf.

Das Instrument liegt zwischen den Anschlüssen C und D. Im abgeglichenen Zustand fließt zwischen diesen Punkten kein Strom. Also muss die Spannung U_{CD} null Volt sein.

Brückenabgleich

Für die Spannungen an den vier Widerständen gilt allgemein:

$$U_{AC} = I_1 \cdot R_x \qquad U_{CB} = I_1 \cdot R_2$$
$$U_{AD} = I_2 \cdot R_3 \qquad U_{DB} = I_2 \cdot R_4$$

Die Bedingung $U_{CD} = 0$ V (**Abgleichbedingung**) wird nur dann erreicht, wenn die Spannungsaufteilungen im linken Brückenzweig der Aufteilung im rechten entsprechen. Es gilt dann:

$$U_{AC} = U_{AD} \qquad U_{CB} = U_{DB}$$

Als Verhältnisse ausgedrückt:

$$\frac{U_{AC}}{U_{CB}} = 1 \qquad \frac{U_{AD}}{U_{DB}} = 1$$

Die beiden Gleichungen lassen sich zusammenfassen:

$$\frac{U_{AC}}{U_{CB}} = \frac{U_{AD}}{U_{DB}}$$

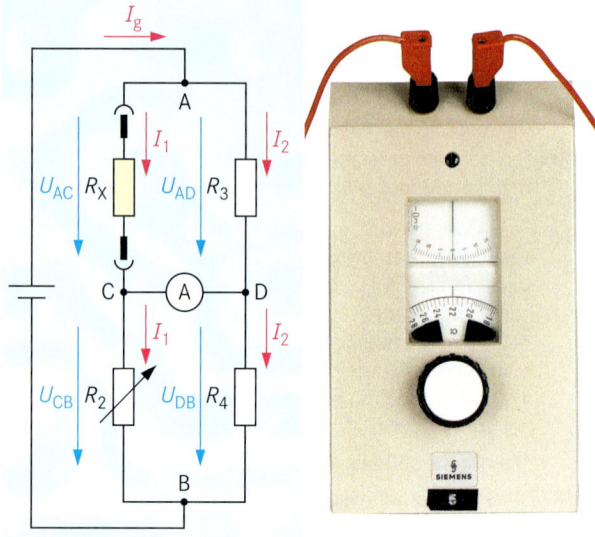

1: Messbrücke

Die Spannungen können durch Ströme und Widerstände ausgedrückt werden:

$$\frac{I_1 \cdot R_x}{I_1 \cdot R_2} = \frac{I_2 \cdot R_3}{I_2 \cdot R_4}$$

Die Stromstärken lassen sich kürzen und die Gleichung nach R_x umstellen:

$$\boxed{R_x = \frac{R_2 \cdot R_3}{R_4}}$$

Da in dieser Gleichung R_3 und R_4 konstante Größen sind, hängt R_x vom einstellbaren Widerstand R_2 ab. Seine Größe wird dann im entsprechenden Verhältnis auf der Skala angezeigt.

Die hier beschriebene Brückenschaltung wird auch nach Sir Charles Wheatstone (engl. Physiker, 1802 bis 1875) als **Wheatstone-Brücke** bezeichnet.

- Bei der Widerstandsmessung mit Hilfe einer Brückenschaltung muss die Einstellung solange verändert werden, bis der Brückenstrom null geworden ist (Brückenabgleich).

- In der Brückenschaltung wird ein unbekannter Widerstand mit einem bekannten Widerstand verglichen (Vergleichsmessung).

Aufgaben

1. Erklären Sie, welchen Einfluss die Betriebsspannung für die Brückenschaltung auf das Messverfahren hat!

2. Eine Messbrücke wird mit 6 V betrieben. Folgende Widerstände sind bekannt bzw. werden eingestellt: R_3 = 3,3 kΩ, R_4 = 8,2 kΩ, R_2 = 0,127 kΩ. Berechnen Sie R_x und die Spannungen an den Widerständen!

2.5 Widerstand von Leitern

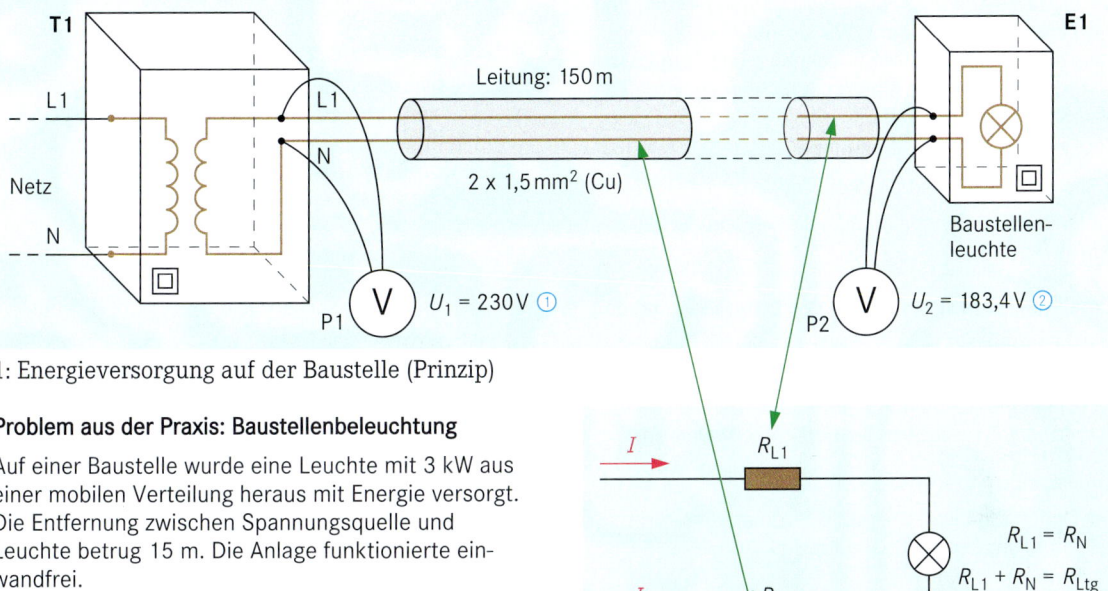

1: Energieversorgung auf der Baustelle (Prinzip)

Problem aus der Praxis: Baustellenbeleuchtung

Auf einer Baustelle wurde eine Leuchte mit 3 kW aus einer mobilen Verteilung heraus mit Energie versorgt. Die Entfernung zwischen Spannungsquelle und Leuchte betrug 15 m. Die Anlage funktionierte einwandfrei.

Nach einem Monat wurde die Leuchte abgebaut und in 150 m Entfernung vom Verteiler mit einer gleichartigen Leitung neu installiert (Abb. 1).
Ergebnis: Die Lampe leuchtet jetzt deutlich schwächer als vorher. Worauf ist dieser Fehler zurückzuführen?

Die Lösung erfolgt in folgenden Schritten:

1. Messungen in der Anlage:
• Spannung an der Verteilung: U_1 = 230 V ①
• Spannung am Ende der Leitung
  – ohne Leuchte: U_2 = 230 V
  – mit Leuchte: U_2 = 183,4 V ②

2. Erklärung:
Durch den Stromfluss in der Leitung geht ein Teil der Spannung (46,6 V) „verloren", sodass die Lampe nicht mehr mit ihrer erforderlichen Betriebsspannung von 230 V betrieben wird. Die ursprüngliche Leistung von 3 kW wird deshalb nicht mehr erreicht. Als Ursache kann die große Leitungslänge angenommen werden.

Da die Schaltung eine Reihenschaltung aus den Leiterwiderständen und der Lampe ist, müssen wir die Gesetzmäßigkeiten der Reihenschaltung anwenden.

Wie sich Spannungen im Stromkreis durch Widerstände verringern können, hatten wir bereits bei der Reihenschaltung kennen gelernt. Da die Lampe in diesem Fall zwischen dem L1- und N-Leiter angeschlossen ist, wird jeder Leiter einen Widerstand (R_{L1} und R_N) im Stromkreis verursachen. Die Zuleitung zur Baustellenbeleuchtung ist also eine Reihenschaltung aus zwei Widerständen (Abb. 2).

Die beiden Leiterwiderstände lassen sich zu einem Leitungswiderstand ($R_{L1} + R_N = R_{Ltg}$) zusammenfassen, sodass sich der Stromlaufplan in Abb. 3 ergibt.

2: Elektrische Leiter als Widerstände

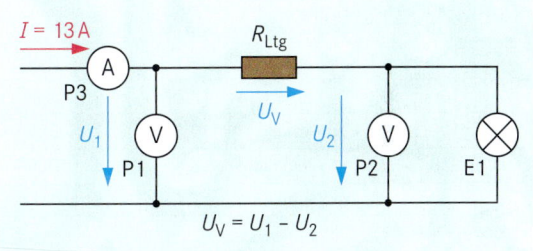

3: Spannungsfall an Leitern

Die Verringerung der Spannung für angeschlossene Betriebsmittel bezeichnen wir als **Spannungsfall U_v** an Leitungen.

Zu große Spannungsfälle auf Leitungen beeinträchtigen die einwandfreie Funktion von Betriebsmitteln. Deshalb müssen Grenzwerte nach den Technischen Anschlussbedingungen (TAB) der EVUs eingehalten werden. Die Angabe erfolgt in Prozent von der Nennspannung.
Beispiel: u_v = 3% für Anlagen nach dem Zähler.

- Der Spannungsfall wird durch den Leitungswiderstand verursacht. Er tritt auf, wenn durch einen elektrischen Leiter ein Strom fließt.

- Durch den Spannungsfall an Leitungen verringert sich die Spannung am angeschlossenen Betriebsmittel. Es treten Verluste auf.

Einflussgrößen des Leiterwiderstandes

In dem Beispiel für die Baustellenbeleuchtung auf S. 31 wurde bereits deutlich, dass der Leiterwiderstand mit der **Leiterlänge** l zunimmt. Wir vermuten weiterhin, dass er auch vom **Leiterquerschnitt** q und vom **Leitermaterial** abhängt. Die Materialabhängigkeit wird gekennzeichnet durch den

- spezifischen elektrischen Widerstand Rho (ϱ) oder
- die elektrische Leitfähigkeit Kappa ($\varkappa$).

Die genauen Abhängigkeiten sollen experimentell ermittelt werden.

Experimentelle Untersuchung des Leiterwiderstandes

Zielsetzung

Der Widerstand von Kupfer- und Aluminiumleitungen verschiedener Längen und unterschiedlichen Querschnitten soll messtechnisch untersucht werden.

Planung

Der Widerstand wird über eine Stromstärken- und Spannungsmessung (Spannungsfall, Abb. 3, S. 31) indirekt gemessen.

Berechnungsformeln: $U_\text{v} = U_1 - U_2$ $\boxed{R_\text{Ltg} = \dfrac{U_\text{v}}{R}}$

Durchführung

Nr.	l in m	q in mm^2	Material	U_v in V	I in A	R_Ltg in Ω
1	50	1,5	Kupfer	9,1	15,2	0,60
2	100	1,5	Kupfer	17,4	14,6	1,20
3	100	2,5	Kupfer	10,8	15,1	0,72
4	50	2,5	Aluminium	8,5	15,3	0,56
5	100	2,5	Aluminium	17,7	14,6	1,12

Auswertung

Um eindeutige Aussagen machen zu können wird immer nur die Veränderung einer einzelnen Größe und deren Auswirkung betrachtet. Die übrigen Größen sind dann konstant.

• Leiterlänge l

Der Widerstand steigt mit zunehmender Leiterlänge. Es kommt zu einer Verdopplung von R_Ltg, wenn die Länge verdoppelt wird (Nr. 1 und 2).

Weitere Messungen zeigen die folgende proportionale Beziehung:

$$R_\text{Ltg} \sim l$$

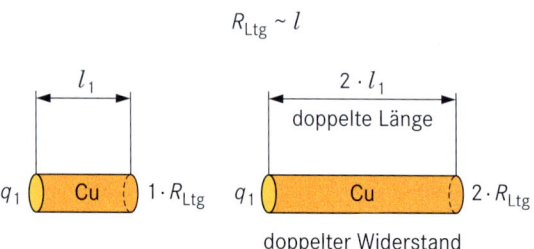

doppelter Widerstand

Erklären lässt sich dieses mit Hilfe der Elektronen im Leiter: je länger der Leiter, desto öfter werden die Elektronen auf ihrem Weg durch den Leiter behindert.

• Leiterquerschnitt q

Die Messwerte mit den Nummern 2 und 3 zeigen uns, dass mit zunehmendem Querschnitt der Leiterwiderstand geringer wird. Weitere Messungen zeigen eine umgekehrte Proportionalität zwischen dem Leiterwiderstand und dem Leiterquerschnitt:

$$R_\text{Ltg} \sim \dfrac{1}{q}$$

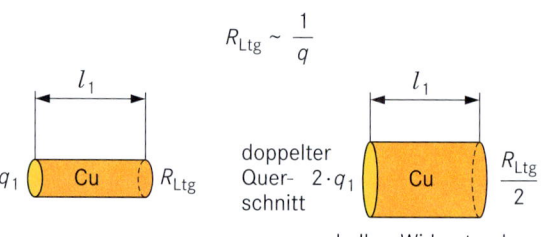

halber Widerstand

Erklärt werden kann dieses durch die in einem größeren Leiterquerschnitt vermehrt vorhandenen Elektronen.

• Material ϱ bzw. $\varkappa$

Wenn ein Kupferleiter mit einem Aluminiumleiter gleicher Länge und gleichem Querschnitt verglichen wird (Nr. 3 und 5), dann besitzt der Kupferleiter einen geringeren Widerstand. Die Materialeigenschaft wird durch den **spezifischen elektrischen Widerstand** ϱ (Rho) ausgedrückt. Zwischen dieser Größe und dem Leitungswiderstand besteht ein proportionaler Zusammenhang:

$$R_\text{Ltg} \sim \varrho$$

Bei der Beschreibung der Materialeigenschaft wird auch der Kehrwert des spezifischen elektrischen Widerstandes verwendet. Er ist die elektrische Leitfähigkeit $\varkappa$ (Kappa). Somit ergibt sich die folgende Beziehung:

$$\varrho = \dfrac{1}{\varkappa} \qquad R_\text{Ltg} \sim \dfrac{1}{\varkappa}$$

Fasst man diese Abhängigkeiten zu einer Gleichung für den **Leiterwiderstand** zusammen, so erhält man:

$$\boxed{R_\text{Ltg} = \dfrac{\varrho \cdot l}{q}} \qquad \boxed{R_\text{Ltg} = \dfrac{l}{\varkappa \cdot q}}$$

Anstelle von $\varkappa$ werden auch die Formelzeichen γ (Gamma) oder σ (Sigma) verwendet.

> ■ Der spezifische elektrische Widerstand ϱ ist der Widerstand eines Leiters von 1 m Länge und 1 mm^2 Querschnitt.

Einheiten für ϱ und $\varkappa$

Für den praktischen Umgang mit Leitungen ist es sinnvoll, wenn die Leitungslängen in Metern und die Querschnitte in mm² angeben werden. Für den spezifischen elektrischen Widerstand ϱ ergibt sich die folgende Einheit:

$$R_{Ltg} = \frac{\varrho \cdot l}{q}$$

Umstellung: $\varrho = \dfrac{R_{Ltg} \cdot q}{l}$ $[\varrho] = \dfrac{\Omega \cdot mm^2}{m}$

Entsprechend gilt für die Einheit der elektrischen Leitfähigkeit $\varkappa$:

$$R_{Ltg} = \frac{l}{\varkappa \cdot q}$$

Umstellung: $\varkappa = \dfrac{l}{R_{Ltg} \cdot q}$ $[\varkappa] = \dfrac{m}{\Omega \cdot mm^2}$

Umrechnung von Einheiten

In den Einheiten für den spezifischen elektrischen Widerstand und die elektrische Leitfähigkeit kommen im Zähler und Nenner Einheiten wie m und mm² vor. Diese können wie folgt gekürzt werden:

Grundformel: $1\ mm^2 = (1 \cdot 10^{-3}\ m)^2$

eingesetzt: $1\ \dfrac{\Omega \cdot mm^2}{m} = 1\ \dfrac{\Omega \cdot (1 \cdot 10^{-3}\ m)^2}{m}$

gekürzt: $1\ \dfrac{\Omega \cdot mm^2}{m} = 1 \cdot 10^{-6} \cdot \Omega \cdot m$

Ergebnis: $1\ \dfrac{\Omega \cdot mm^2}{m} = 1\ \mu\Omega \cdot m$

Verwendet man diese neue Beziehung für die elektrische Leitfähigkeit, so erhält man:

Grundformeln: $\varkappa = \dfrac{1}{\varrho}$ $[\varkappa] = \dfrac{1}{[\varrho]}$ $\dfrac{1}{\Omega} = 1\ S$

eingesetzt und gekürzt: $[\varkappa] = \dfrac{1}{1 \cdot 10^{-6} \Omega \cdot m}$ $[\varkappa] = \dfrac{1\ MS}{m}$

Spezifische elektrische Widerstände und elektrische Leitfähigkeiten von Werkstoffen bei 20°C		
Werkstoffe	ϱ in $\mu\Omega \cdot m$ bzw. $\dfrac{\Omega \cdot mm^2}{m}$	$\varkappa$ in $\dfrac{MS}{m}$ bzw. $\dfrac{m}{\Omega \cdot mm^2}$
Silber	0,016	62,5
Kupfer	0,018	56
Aluminium	0,028	36
Messing	0,07	14,3
Eisen	0,1	10
Blei	0,208	4,8
Kohle	66,667	0,015

Leitungswiderstand und Spannungsfall

Der Leitungswiderstand und der Spannungsfall des Beispiels auf S. 31 sollen berechnet werden.

Geg.:   Leitungslänge $l = 150$ m ,
          $q = 1{,}5$ mm², $I = 13$ A,
          Material Kupfer (s. Tabelle).

Ges.: R_{Ltg}, U_v

$$R_{Ltg} = \frac{2 \cdot l}{\varkappa \cdot q}$$

$$R_{Ltg} = \frac{300\ m}{56 \cdot 10^6\ \frac{S}{m} \cdot 1{,}5 \cdot 10^{-6}\ m^2} \qquad \underline{R_{Ltg} = 3{,}57\ \Omega}$$

$$U_v = I \cdot R_{Ltg} \qquad U_v = 13\ A \cdot 3{,}57\ \Omega$$

$$\underline{U_v = 46{,}4\ V}$$

- Der Leitungswiderstand R_{Ltg} hängt ab von der Leiterlänge l, dem Leiterquerschnitt q und dem Leitermaterial (ϱ bzw. $\varkappa$).

- Der Widerstand eines Leiters wird größer,
  – wenn der spezifische elektrische Widerstand größer,
  – die Leiterlänge größer oder
  – der Leiterquerschnitt kleiner werden.

Aufgaben

1. Für eine elektrische Anlage wird eine neue Leitung gleichen Materials verlegt. Gegenüber der ursprünglichen Leitung von 1,5 mm² musste eine Leitung mit doppelter Länge und einem Querschnitt von 2,5 mm² gewählt werden. Welche Auswirkungen hat diese Maßnahme auf den Leitungswiderstand (Begründung angeben)?

2. Für die Zuleitung einer Anlage wird anstelle der vorgeschriebenen Leitung eine Leitung mit einem halb so großen Leiterdurchmesser verwendet. Welche Auswirkungen hat diese fehlerhafte Installation auf den Leitungswiderstand?

3. Berechnen Sie für das Beispiel von S. 31 den Leitungswiderstand und den Spannungsfall, wenn anstelle einer Kupferleitung eine Aluminiumleitung mit gleichem Querschnitt verlegt wird!

4. Der Spannungsfall für das Anwendungsbeispiel auf S. 31 darf nach TAB 3% von 230 V betragen. Wie groß müsste der Querschnitt der Kupferleitung gewählt werden?

5. Berechnen Sie für das Anwendungsbeispiel auf S. 31 den Spannungsfall in Prozent!

3 Spannungserzeugung

Die elektrische Spannung ist die Ursache des elektrischen Stromes und damit auch die Ursache der Energieumwandlung. Deshalb beschäftigen wir uns zuerst mit der Frage:

Wie wird elektrische Spannung erzeugt ?

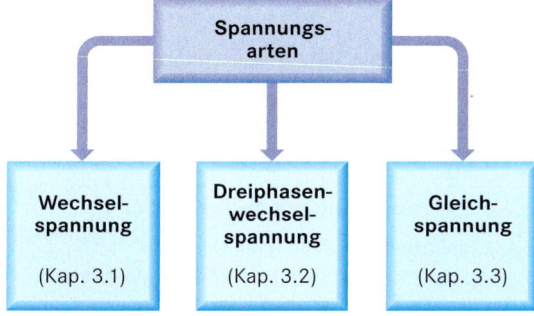

Der Wechselstrom und damit die Wechselspannung spielen in der Hausinstallation die wichtigste Rolle, deshalb beschäftigen wir uns damit zuerst.

3.1 Wechselspannung

3.1.1 Darstellung

Wechselspannungsquellen ändern an ihren Anschlussklemmen ständig die Polarität. Für diese Änderung wird Zeit benötigt.

- Die Spannung steigt an, erreicht den Höchstwert, sinkt wieder ab und erreicht Null.
- Die Spannung steigt in der Gegenrichtung an, erreicht den negativen Maximalwert, wird wieder kleiner und erreicht Null.
- Danach steigt sie wieder in der ursprünglichen Richtung an usw.

Würde diese Änderung langsam geschehen, müssten sich die Zeiger eines Zeigermessinstruments ständig hin- und herbewegen. Im EVU-Netz geschieht der Wechsel aber 50-mal in der Sekunde. Dafür sind die Zeigerinstrumente viel zu träge. Für die Darstellung der Wechselspannung steht uns ein anderes Messgerät zur Verfügung, nämlich das Oszilloskop.

Arbeitsweise eines Oszilloskops

Beim Oszilloskop werden die momentanen Spannungswerte (**Augenblickswerte**) ständig gemessen und das Ergebnis sofort (trägheitslos) mit Hilfe eines Elektronenstrahls als senkrechte Linie auf den Schirm der Bildröhre übertragen. Die Spannungswerte sollen aber nebeneinander abgebildet werden, deshalb wird im Gerät der Elektronenstrahl gleichzeitig waagerecht (horizontal) bewegt. Aus den senkrechten Linien entsteht auf diese Art und Weise eine Kurve.

Die **vertikale Ablenkung** entspricht der **Größe** der gemessenen Spannung. Um diese in Volt messen zu können, muss ein Maßstab eingestellt werden. Dies geschieht mit dem Steller ③. Für unser Beispiel ist der Maßstab $\frac{10\,V}{cm}$ eingestellt.

Die Netzspannung ist so hoch, dass sie nicht mehr auf dem Bildschirm abgebildet werden kann. Das Oszilloskop wäre übersteuert. Wir verwenden deshalb einen **Tastkopf** 10:1. Er verringert die Eingangsspannung auf 10 % ihres Wertes.

Ablesebeispiel:

Höchstwert ① der Kurve auf dem Bildschirm:

$$3\ cm \cdot \frac{10\,V}{cm} \cdot 10 = 300\ V$$

Ablesewert   Amplituden-   Tastkopf
              maßstab

Die Spannungskurve liegt erst oberhalb und dann unterhalb der Nulllinie. Das bedeutet: die Spannung ändert ständig ihre Richtung (Polarität).

Die **horizontale Ablenkung** des Elektronenstrahls stellt die **Zeitablenkung** dar. Auch hierfür ist ein Maßstab notwendig. Mit dem Timebase-Steller ② sind 2 ms/cm eingestellt.

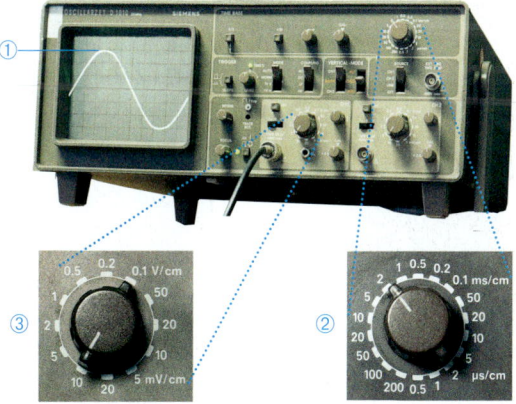

- Mit Hilfe des Oszilloskops können zeitabhängige Größen dargestellt werden.
- Zum Messen mit dem Oszilloskop müssen für die senkrechte und waagerechte Ablenkung jeweils Maßstäbe eingestellt werden.
- Kurven oberhalb der Nulllinie werden als positiv, Kurven unterhalb als negativ bezeichnet.

3.1.2 Entstehung

Die Wechselspannung wird durch Generatoren erzeugt. Sie sind prinzipiell so aufgebaut wie der Dynamo am Fahrrad. Dieser besteht im Wesentlichen aus einer Spule und einem Dauermagneten. Wird der Magnet an der Spule vorbei gedreht, entsteht in der Spule eine Spannung.

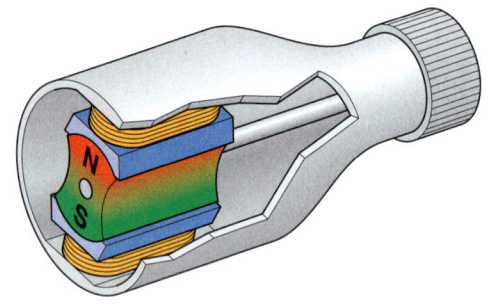

Wie Sie wissen, leuchtet ein angeschlossenes Lämpchen erst, wenn der Dauermagnet gedreht wird. Die Spannung entsteht also durch die Bewegung. Dies wird als **Generatorprinzip** (Induktion) bezeichnet.

Was verändert sich durch die Drehung des Magneten?

Wenn der Magnet aus der waagerechten (Abb. 1) in die senkrechte (Abb. 2) Lage gedreht wird, ändert sich

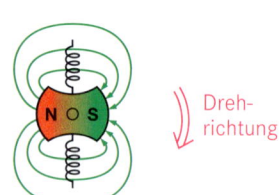

1: Magnet waagerecht

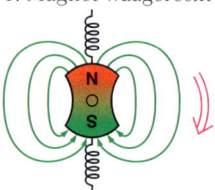

2: Magnet senkrecht

der Abstand der Magnetfeldlinien, die die Spule durchsetzen. In Abb. 2 sind die Linien dichter beieinander als in Abb. 1.

Die Dichte dieser Linien symbolisiert die Stärke des **magnetischen Flusses** Φ (Phi). Der magnetische Fluss ändert sich. Er nimmt bei der Drehung von der waagerechten zur senkrechten Stellung zu. Bei der Drehung entsteht eine Spannung.

Die Höhe der induzierten Spannung hängt von der Größe der Änderung Δ (Delta, griech. Buchstabe) des magnetischen Flusses (also $\Delta\Phi$) ab.

$$\Delta\Phi \uparrow \Rightarrow U \uparrow$$

Bei einem schnell fahrenden Fahrrad leuchten die Glühlampen heller als bei langsamer Fahrt. Es wird eine höhere Spannung erzeugt. Zeit und Spannungshöhe verhalten sich demnach umgekehrt zueinander, d. h. je kürzer die Zeit für eine Flussänderung, desto größer ist die erzeugte Spannung. Die Zeit muss dem-

zufolge unter den Bruchstrich geschrieben werden, d. h. sie ist antiproportional. Wie beim magnetischen Fluss betrachten wir auch bei der Zeit Teilabschnitte.

$$U \sim \Delta t$$

Um aus den Beziehungen eine Gleichung bilden zu können, müssen noch andere Größen hinzugefügt werden. Wir betrachten dazu die Anzahl N der Windungen. Je mehr Leiterschleifen vorhanden sind, desto mehr „Einzelspannungen" werden erzeugt. Alle zusammen ergeben dann eine höhere Spannung als bei kleinerer Windungszahl.

$$U \sim N$$

Die induzierte Spannung wird nach folgender Formel berechnet:

$$U = N \cdot \frac{\Delta\Phi}{\Delta t}$$

Generatorprinzip (Induktion)

Alle Elektronen rotieren um sich selbst (Elektronenspin). Sie erzeugen damit ein kleines Magnetfeld. Der gleiche Effekt tritt auch bei den freien Elektronen eines Leiters auf.

Bewegt man ein äußeres Magnetfeld an dem Leiter vorbei, so folgen ihm diese Elektronen aufgrund ihrer Magnetfelder. An der einen Seite sammeln sich Elektronen und an der anderen Seite werden es weniger. Zwischen beiden Leiterenden ergibt sich dann ein Elektronenunterschied und damit eine Spannung.

Dreht man den Magneten, so beeinflussen abwechselnd der Nord- und der Südpol die Elektronen des Leiters. Die Ladungsträger wandern daher einmal zur einen und dann wieder zur anderen Seite. Es entsteht eine Wechselspannung.

Dieser Effekt tritt auch ein, wenn der Magnet stillsteht und ein Leiter durch das Magnetfeld bewegt wird. Es kommt nur auf die relative Bewegung an.

Rechte-Hand-Regel für die Stromrichtung

Hält man die rechte Hand so, dass die Magnetfeldlinien auf die Handinnenfläche auftreffen und der Daumen die relative Bewegungsrichtung des Leiters angibt, dann zeigen die gestreckten Finger die Stromrichtung im Leiter an.

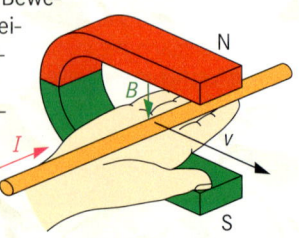

- Die Änderung des magnetischen Flusses in einer Spule erzeugt in ihr eine Spannung.

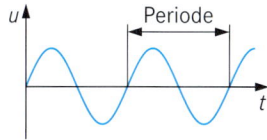

3.1.3 Grundgrößen

Bei dem beschriebenen Drehvorgang des Magneten (vgl. S. 36) sind zwei Tatsachen besonders zu beachten.

- Bei der Drehung ändert sich das Magnetfeld ungleichmäßig, sodass auch die induzierte Spannung nicht gleichmäßig steigt bzw. fällt.
- Nach jeder halben Umdrehung kehrt das Magnetfeld seine Richtung um, damit ändert sich auch die Richtung der induzierten Spannung.

Im Idealfall entsteht eine Kurve, wie sie bereits auf dem Bildschirm des Oszilloskops (vgl. S. 35) dargestellt wurde. Diese Kurve heißt **Sinuskurve.**

Wir haben in Abb. 3 die Spannungskurve auf Millimeterpapier dargestellt, weil sich dort die Größen besser verdeutlichen lassen als an einem Oszillogramm.

Die einzelnen Werte der Kurve nennt man **Augenblickswerte** (Momentanwerte). Zu deren Kennzeichnung werden kleine Buchstaben verwendet.

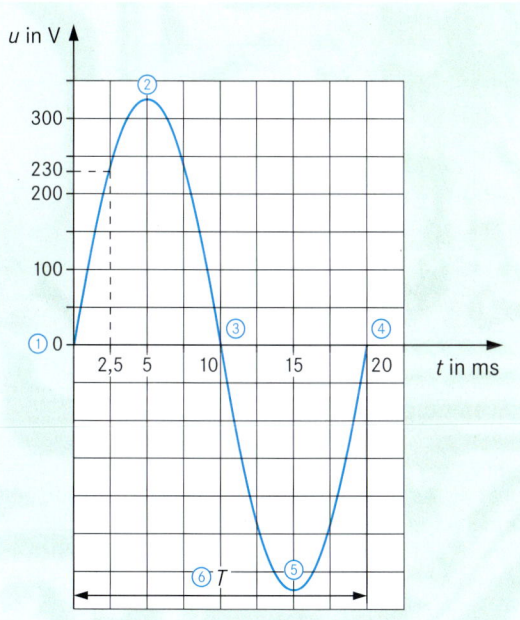

3: Sinuskurve

Ein Kurvendurchlauf heißt **Periode** oder **Schwingung.** Eine Periode umfasst alle Augenblickswerte u, z. B.

- vom ersten Nulldurchgang ①,
- über den positiven **Maximalwert $\hat{u}$** ②, (sprich: „u Dach")
- den zweiten Nulldurchgang ③,
- über den negativen Maximalwert ⑤
- bis zum dritten Nulldurchgang ④.

Danach wiederholt sich der Vorgang. Die Zeitspanne für eine Periode wird als **Periodendauer T** ⑥ bezeichnet. Bei der Wechselspannung des EVU-Netzes beträgt

die Periodendauer 20 ms. Das bedeutet, dass alle 20 ms diese Wechselspannung eine Schwingung durchläuft.

Neben der Periodendauer wird auch die **Frequenz f** zur Kennzeichnung von Wechselspannungen verwendet. Ihre Einheit ist **Hertz** (Hz). Sie gibt an, wieviele Perioden in einer Sekunde ablaufen. In unserem Netz geschieht das 50-mal.

Der Zusammenhang zwischen Periodendauer und Frequenz lässt sich wie folgt schreiben:

$$\text{Frequenz} = \frac{\text{Anzahl der Perioden}}{\text{Zeit für diese Perioden}}$$

Bei einer Periode ergibt sich dann:

$$f = \frac{1}{T} \qquad 1\ \text{Hz} = \frac{1}{\text{s}} = \text{s}^{-1}$$

Spannung und Frequenz

Aus der gezeichneten Spannungskurve (Abb. 3) sollen einige Werte zu den festgelegten Größen abgelesen bzw. bestimmt werden.

Augenblickswerte der Spannung

$t_1 = 2{,}5$ ms	$u_1 = 230$ V
$t_2 = 3{,}5$ ms	$u_2 = 290$ V
$t_3 = 4{,}5$ ms	$u_3 = 321$ V

Änderung von t_1 bis t_2	$\Delta u_{12} = 60$ V
Änderung von t_2 bis t_3	$\Delta u_{23} = 31$ V

Maximalwert der Spannung $\qquad \hat{u} = 325$ V

Periodendauer 0 ... 20 ms $\qquad T = 20$ ms

Frequenz $\qquad f = \frac{1}{T}$

$$f = \frac{1}{20\ \text{ms}} \qquad f = \frac{1}{0{,}02\ \text{s}} \qquad \underline{f = 50\ \text{Hz}}$$

- Durch die Bewegung eines Dauermagneten an einem Leiter (oder umgekehrt) wird im Leiter eine Spannung erzeugt.
- Die Wechselspannung ändert ständig ihre Größe und Richtung.
- Die Wechselspannung der EVU-Netze ändert sich sinusförmig.
- Eine Periode ist die wiederkehrende Veränderung vom Nulldurchgang über die Maximalwerte zum dritten Nulldurchgang.
- Die Zeit für eine Periode heißt Periodendauer T.
- Die Frequenz ist die Anzahl der Perioden pro Sekunde. Sie wird in Hertz (Hz) angegeben.

3.1.4 Leistung

Wir wollen jetzt untersuchen, wie sich die Wechselspannung (**AC**, engl. **a**lternating **c**urrent) in ihrer Wirkung von einer Gleichspannung (**DC**, engl. **d**irect **c**urrent) unterscheidet. Dazu schließen wir eine Leuchte mit einer Glühlampe von 25 W an eine Steckdose (230 V AC) an. Außerdem legen wir eine zweite Glühlampe von ebenfalls 25 W an 230 V DC.

Wir stellen fest, dass beide Lampen gleich hell leuchten. Also sind beide Leistungen gleich groß. Um das zu überprüfen, messen wir im Wechselstromkreis Strom und Spannung und errechnen daraus die Leistung.

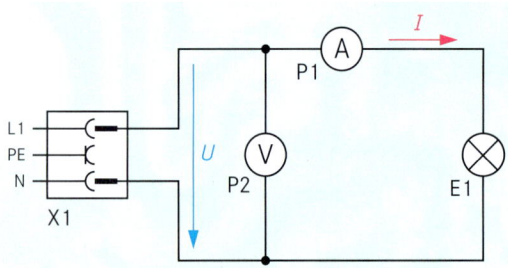

1: Schaltung für indirekte Leistungsmessung

Messwerte: $U = 230\ \text{V}$ $I = 110\ \text{mA}$

$P = U \cdot I \ \Rightarrow \ P = 230\ \text{V} \cdot 0{,}11\ \text{A} \ \Rightarrow \ \underline{P = 25{,}3\ \text{W}}$

Die für den Wechselstromkreis ermittelten Werte haben die gleiche Wirkung, also denselben Effekt wie die entsprechenden Werte bei Gleichspannung. Sie heißen deshalb **Effektivwerte**. Sie werden mit großen Buchstaben bezeichnet.

	Spannung	Stromstärke
Effektivwert	U (auch: U_{eff})	I (auch: I_{eff})
Augenblickswert	u	i

Die Werte bleiben während der gesamten Messung gleich, obwohl die Wechselspannung und damit auch der Wechselstrom ständig Größe und Richtung ändern. Die angezeigten Effektivwerte können daher nur mittlere Werte sein.

In unserem Beispiel hat die Spannung den Effektivwert $U = 230$ V. Er liegt damit unter dem Maximalwert von 325 V. Das Verhältnis zwischen diesen beiden Werten ist für Wechselgrößen eine wichtige Angabe.

$$\frac{\hat{u}}{U} = \frac{325\ \text{V}}{230\ \text{V}} = 1{,}413$$

Bei genauen Messungen würde sich der Wert $1{,}414 = \sqrt{2}$ ergeben. Das führt zu folgenden Formeln.

$$\boxed{\hat{u} = \sqrt{2} \cdot U} \qquad \boxed{\hat{\imath} = \sqrt{2} \cdot I}$$

$$\frac{1}{\sqrt{2}} = 0{,}707$$

$$\boxed{U = 0{,}707 \cdot \hat{u}} \qquad \boxed{I = 0{,}707 \cdot \hat{\imath}}$$

Leistungskurve

So wie die Spannung sich ständig ändert, ändert sich auch die Leistung. Um die entsprechende Kurve zeichnen zu können, gehen wir folgendermaßen vor:

Zuerst berechnen wir mit Hilfe von $i = \frac{u}{R}$ zu jedem Zeitpunkt der Wechselspannung die Stromstärke. Die Ergebnisse werden in ein Diagramm übertragen. Die Verbindung der Punkte ergibt natürlich wieder einen sinusförmigen Verlauf, der zu denselben Zeitpunkten wie die Spannung die Nullpunkte und Maximalwerte erreicht. Man sagt:

Strom und Spannung sind in Phase.

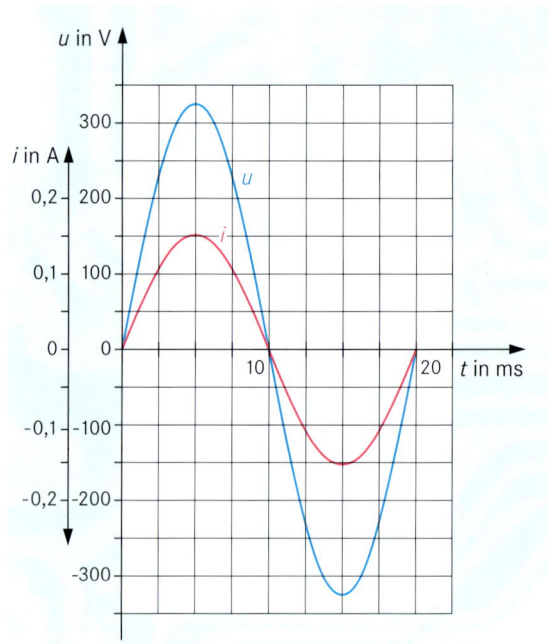

2: Spannungs- und Stromkurven

In einem zweiten Schritt berechnen wir für jeden Zeitpunkt die Augenblickswerte der Leistung mit Hilfe der Formel $p = u \cdot i$ und tragen die Werte in ein entsprechendes Diagramm ein. Für die Leistung ergibt sich der Verlauf in Abb. 3.

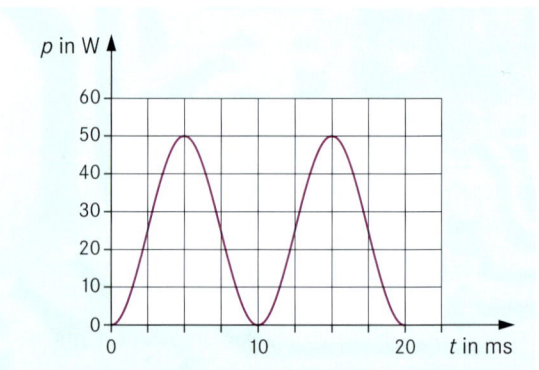

3: Leistungskurve

Wie lässt sich die Leistungskurve deuten ?

Die Leistungskurve hat nur positive Werte. Das ist auch verständlich, wenn man sich die Bedeutung der Vorzeichen bei den Größen der Elektrotechnik klarmacht. Vorzeichen geben nur die Richtung von Größen an. Eine negative Leistung würde demnach bedeuten, dass von der Glühlampe elektrische Energie bzw. Leistung geliefert wird. Das ist natürlich nicht der Fall!

Dass die Leistung stets positiv ist, lässt sich auch mathematisch beweisen. Wenn beim Berechnen der Leistung die Werte für Spannung und Strom negativ eingesetzt werden, ergibt sich immer ein positives Ergebnis.

Ermittlung der Arbeit

Die Arbeit wird nach der Formel $W = P \cdot t$ berechnet. Für Wechselstrom müssen wieder die Augenblickswerte verwendet werden, also $w = p \cdot t$. Die elektrische Arbeit entspricht im Leistungsdiagramm der Fläche zwischen der Kurve und der Zeitachse.

Zur einfachen Berechnung der Arbeit wandeln wir die Kurvenfläche in ein flächengleiches Rechteck um. Dazu denken wir uns die oberen Teilstücke nach unten geklappt (Abb. 4).

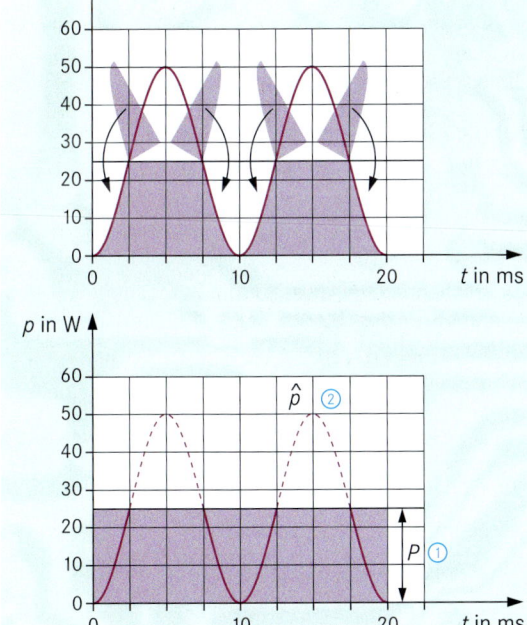

4: Mittelwert für die Leistung

Wir stellen fest, dass sich die elektrische Arbeit bei Wechselspannung aus der Rechteckfläche $W = P \cdot t$ (vgl. S. 12) berechnen lässt. Aus der Abbildung kann man erkennen:
P ① ist gleich der Hälfte der Maximalleistung $\hat{p}$ ②.

Ermittlung der Leistung

Von dieser Überlegung ausgehend kann gezeigt werden, dass sich der Effektivwert der Leistung aus den Effektivwerten von Spannung und Stromstärke berechnen lässt.

$$P = \frac{\hat{p}}{2} \qquad\qquad \hat{p} = \hat{u} \cdot \hat{\imath}$$

$$P = \frac{\hat{u} \cdot \hat{\imath}}{2} \qquad\qquad 2 = \sqrt{2} \cdot \sqrt{2}$$

$$P = \frac{\hat{u} \cdot \hat{\imath}}{\sqrt{2} \cdot \sqrt{2}} \qquad\qquad \hat{u} = \sqrt{2} \cdot U$$

$$\qquad\qquad\qquad \hat{\imath} = \sqrt{2} \cdot I$$

$$P = \frac{\sqrt{2} \cdot U \cdot \sqrt{2} \cdot I}{\sqrt{2} \cdot \sqrt{2}}$$

$$\boxed{P = U \cdot I}$$

- Effektivwerte von Wechselstromgrößen haben denselben Effekt d. h. dieselbe Wirkung wie gleich große Gleichstromwerte.
- Zeigermessgeräte und digitale Messgeräte zeigen in der Regel Effektivwerte an.
- Bei sinusförmigen Größen ist der Maximalwert $\sqrt{2}$ mal größer als der Effektivwert.
- Die Fläche zwischen der Leistungskurve und der Zeitachse entspricht der Arbeit.

Aufgaben

1. Skizzieren Sie den grundsätzlichen Aufbau eines Generators!

2. Zeichnen Sie eine sinusförmige Wechselspannung in Abhängigkeit vom Drehwinkel α eines Dauermagneten, der in einer Spule gedreht wird!

3. Erklären Sie den Begriff "Periode"!

4. Berechnen Sie die Periodendauer für die Frequenz $f = 60$ Hz der Stromversorgung in den USA!

5. Berechnen Sie den Maximalwert der Spannung von 400 V!

6. Ein Verbraucher mit 100 W bei 60 V DC soll an eine gleich große Wechselspannung angeschlossen werden.
Berechnen Sie dazu I und $\hat{\imath}$!

7. Erklären Sie, warum der Effektivwert der Leistung die Hälfte des Maximalwertes ist!

8. a) Mit welchem Messgerät kann der Maximalwert einer Wechselspannung gemessen werden?
b) Zeichnen Sie dazu die Messschaltung.

3.1.5 Darstellung von Wechselgrößen

Auf den vorangegangen Seiten wurden mehrfach Sinuskurven verwendet, ohne darauf einzugehen wie sie entstanden sind. Da solche Diagramme für die Elektrotechnik eine große Bedeutung haben, werden wir hier ihre Ableitung erläutern.

Winkelfunktionen

Die Bezeichnung drückt aus, dass wir es hier mit Abhängigkeiten von Winkeln zu tun haben. Zur Veranschaulichung benutzen wir den Winkel α in Abb. 1. Dort ist von einem beliebigen Punkt ① des schrägen Schenkels auf den waagerechten Schenkel ② das Lot gefällt.

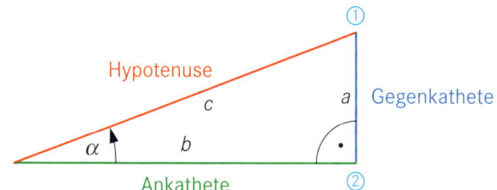

1: Winkeldarstellung

Es entsteht so ein rechtwinkliges Dreieck. Für die Seiten darin sind folgende Bezeichnungen festgelegt.

Hypotenuse: Seite gegenüber dem rechten Winkel, längste Seite.

Ankathete: Seite **an** dem betrachteten Winkel.

Gegenkathete: Seite **gegenüber** dem betrachteten Winkel.

Verschiebt man das Lot, so verändern sich die Längen aller drei Seiten im gleichen Maß. Wird z. B. b ③ verdoppelt, verdoppeln sich auch c ④ und a ⑤.

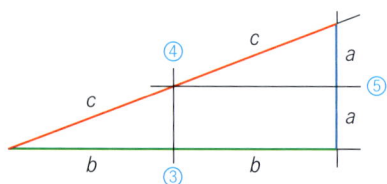

Daraus ergibt sich, dass zwar die Längen der Seiten verändert wurden, aber nicht ihre Verhältnisse zueinander. Diese ändern sich nur, wenn die Winkel verändert werden. Wir schließen daraus, dass sich die Seitenverhältnisse nur nach den Winkeln richten. Man sagt: „Die Größe der Verhältnisse ist eine Funktion des Winkels".

Bezeichnung	Festlegung	Beispiel aus Abb.1
Sinus	$\dfrac{\text{Gegenkathete}}{\text{Hypotenuse}}$	$\sin \alpha = \dfrac{a}{c}$
Cosinus	$\dfrac{\text{Ankathete}}{\text{Hypotenuse}}$	$\cos \alpha = \dfrac{b}{c}$
Tangens	$\dfrac{\text{Gegenkathete}}{\text{Ankathete}}$	$\tan \alpha = \dfrac{a}{b}$

Berechnet man für jeden Winkel die entsprechenden Seitenverhältnisse und stellt die Ergebnisse in Abhängigkeit vom Winkel dar, ergeben sich folgende Liniendiagramme (Abb. 2 und 3).

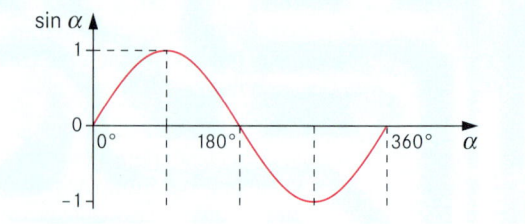

2: Sinuskurve

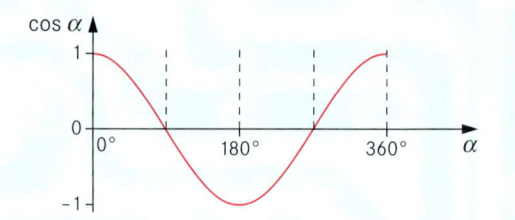

3: Cosinuskurve

Aus beiden Diagrammen können Sie erkennen:
- Alle Werte liegen zwischen -1 und +1.
- Alle Werte kommen viermal vor, davon zweimal im positiven und zweimal im negativen Bereich.

In der Elektrotechnik wird neben der Winkelangabe im **Gradmaß** sehr oft auch die Angabe im **Bogenmaß** benutzt. Es gilt folgende Umrechnung:

$$\frac{\text{Winkel in Grad}}{360°} = \frac{\text{Winkel im Bogenmaß}}{2\,\pi}$$

$$\frac{\alpha_G}{360°} = \frac{\alpha_B}{2\,\pi} \qquad \alpha_B = \frac{\alpha_G \cdot 2 \cdot \pi}{360°}$$

Hinweis:
Der Taschenrechner muss für die Berechnung mit dem Bogenmaß in den Modus "rad" (Radiant) umgestellt werden.

Umrechnung von Gradmaß in Bogenmaß

Welches Bogenmaß entspricht dem Winkel $\alpha_G = 35°$?

$$\alpha_B = \frac{35° \cdot 2 \cdot \pi}{360°} = 0{,}61085238$$

Berechnung mit dem **Taschenrechner** :

$35 \Rightarrow \boxed{\text{SIN}} \Rightarrow \boxed{\text{RAD}} \Rightarrow \boxed{\text{SIN}^{-1}}$

Hinweise:
- Die Umstellung von Gradmaß in Bogenmaß wird bei den Taschenrechnern unterschiedlich vorgenommen. Sehr häufig geschieht das über die Taste $\boxed{\text{RAD}}$
- Anstelle der Sinusfunktion kann zum Umrechnen auch jede andere Winkelfunktion benutzt werden.

Sinusfunktion für zeitabhängige Größen

Um die Verhältniszahl in Spannungswerte umrechnen zu können muss der entsprechende Maximalwert als Faktor eingefügt werden. Als Winkelbezeichnung wird φ benutzt.

$$u = \hat{u} \cdot \sin \varphi$$

Momentanwert

Geg.: $\hat{u} = 325\ \text{V}\ ;\qquad \varphi = 35°$
Ges.: u

$u = 325\ \text{V} \cdot \sin 35°$
$u = 325\ \text{V} \cdot 0{,}574$
$\underline{u = 187\ \text{V}}$

Da es sich hierbei um eine zeitabhängige Größe handelt, wird der Winkel durch eine Zeitangabe ersetzt. Wir gehen dabei von folgenden Verhältnissen aus:

$$\frac{\text{Winkel in Grad}}{360°} = \frac{\text{Zeit für den Winkel}}{\text{Zeit für eine Periode}}$$

$$\frac{\varphi}{360°} = \frac{t}{T}$$

Das Zeitmaß rechnet man folgendermaßen in das Bogenmaß um:

$$\varphi = \frac{t \cdot 2\pi}{T}$$

Die Periodendauer T wird durch den Kehrwert der Frequenz f ersetzt. Nach Umstellung der Größen erhalten wir die Formeln:

$$u = \hat{u} \cdot \sin(2 \cdot \pi \cdot f \cdot t) \qquad \text{bzw.} \qquad i = \hat{\imath} \cdot \sin(2 \cdot \pi \cdot f \cdot t)$$

Der Ausdruck $2 \cdot \pi \cdot f$ wird als Kreisfrequenz ω bezeichnet. Diese Größe werden wir in nachfolgenden Kapiteln zur Vereinfachung verwenden.

Die waagerechte Achse (**Abszisse**) der Diagramme kann somit auf drei Arten eingeteilt werden.

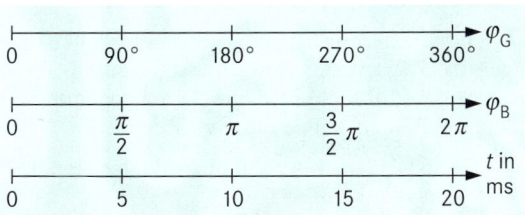

- Der Sinus eines Winkels ist das Verhältnis der Gegenkathete zur Hypotenuse.

- Der Cosinus eines Winkels ist das Verhältnis der Ankathete zur Hypotenuse.

- Winkel werden in Grad (°) oder im Bogenmaß (rad) angegeben, wobei 360° dem Wert 2π entspricht.

Aufgaben

1. Berechnen Sie die Sinuswerte für die Winkel $\alpha = 30°$, $\beta = 45°$, $\gamma = 60°$!

2. Rechnen Sie $\alpha = \frac{2}{3} \cdot \pi$ in das Gradmaß um!

3. Überprüfen Sie durch Berechnung die Augenblickswerte der Spannung zu den Zeitpunkten des Beispiels auf Seite 37!

4. Bestimmen Sie, bei welchem Winkel der Augenblickswert des Stromes a) $\frac{1}{2}$, b) $\frac{1}{3}$ und c) $\frac{1}{4}$ des Maximalwertes ist!

5. Die Sinuskurve und die Cosinuskurve haben die gleichen Werte, nur um 90° versetzt. Stellen Sie fest, ob die Behauptung $\cos \varphi = \sin(\varphi + 90°)$ richtig ist. Begründen Sie Ihre Antwort!

6. Berechnen Sie die Katheten eines rechtwinkligen Dreiecks, wenn die Hypotenuse 325 mm lang ist und $\alpha_G = 75°$ beträgt!

7. Berechnen Sie für die Spannung $U = 400\ \text{V}/50\ \text{Hz}$ den Maximalwert und den Momentanwert für den Zeitpunkt $t = 2{,}5\ \text{ms}$!

8. Zeichnen Sie das Liniendiagramm für die Spannung $U = 110\ \text{V}/60\ \text{Hz}$! Die Abszisse soll einen Zeitmaßstab und einen Winkelmaßstab φ_B haben.

Zeigerdiagramme

Wechselgrößen lassen sich auch durch Zeiger darstellen. Sie sind durch zwei Größen bestimmt, und zwar durch ihre Länge (**Betrag**) und ihre **Richtung**.

Die **Länge** entspricht dem Effektivwert ③ der betreffenden Größe (z. B. $U = 230\ \text{V}$). Es ist also ein Maßstab ④ notwendig.

Die **Richtung** wird durch den Winkel α ⑤ zur Waagerechten dargestellt.

Maßstab:
2 cm $\triangleq$ 100 V ④

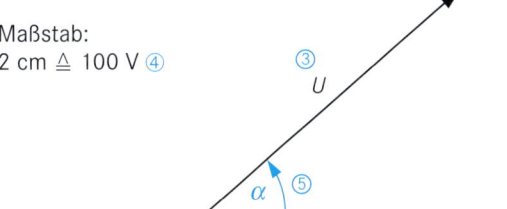

Es ist vereinbart, dass sich der Zeiger mit fortschreitender Zeit linksherum (Gegen-Uhrzeigersinn) dreht. Eine Umdrehung entspricht der Dauer einer Periode. Bei $f = 50\ \text{Hz}$ ist $T = 20\ \text{ms}$. Der Zeiger wird zum Zeitpunkt $t = 0$ dargestellt.

Der besondere Vorteil dieser Darstellungsart ist, dass das Zusammenfassen mehrerer Wechselgrößen einfacher ist als bei Liniendiagrammen. Wir zeigen dies an Beispielen auf der nächsten Seite.

Addition von Zeigern

Zwei Generatoren mit 230 V/50 Hz sind in Reihe geschaltet. Die Spannungen haben eine Phasenverschiebung von 30°. Es soll die Gesamtspannung zwischen 1L und 2N bestimmt werden. Sie ist die **Summe** von U_1 und U_2.

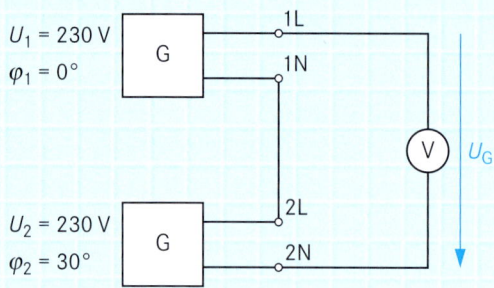

$U_1 = 230$ V
$\varphi_1 = 0°$

$U_2 = 230$ V
$\varphi_2 = 30°$

Die Zeigeraddition wird folgendermaßen durchgeführt:

1. Maßstab festlegen ①,
2. Zeiger U_1 zeichnen ③,
3. Zeiger U_2 mit $\varphi_2 = 30°$ an die Spitze von U_1 ansetzen ④,
4. Anfang von Zeiger U_1 ② mit der Spitze von U_2 zum Gesamtzeiger (Summe) U_G ⑤ verbinden,
5. Länge des Gesamtzeigers U_G mit Hilfe des Maßstabs in Spannungswert berechnen.

Maßstab:
1 cm ≙ 100 V ①

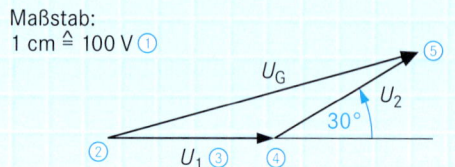

Es ergibt sich eine Summenspannung $U_G = 440$ V.

Subtraktion von Zeigern

Am Generator 2 werden jetzt die Anschlüsse vertauscht, d. h. 1N wird an 2N gelegt. Wie groß ist die Gesamtspannung zwischen 1L und 2L ?
Die Spannung ergibt sich jetzt aus der **Differenz** der beiden Generatorspannungen.

Beim Darstellen der Zeiger gehen wir entsprechend den Schritten wie im obigen Beispiel vor. Beim Subtrahieren muss allerdings der zweite Pfeil in umgekehrter Richtung ⑥ angesetzt werden.

Maßstab:
1 cm ≙ 100 V

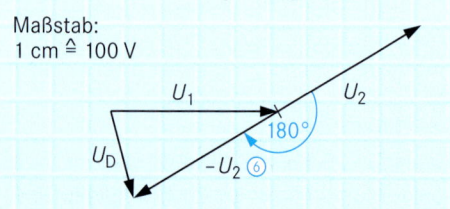

Es ergibt sich als Differenzspannung $U_D = 115$ V.

- Wechselgrößen werden auch durch Zeiger dargestellt.
- Die Länge des Zeigers gibt den Betrag, der Winkel die Lage zur Bezugsgröße an.
- Zeitabhängige Zeiger drehen sich linksherum.
- Zeiger werden addiert, indem sie lagerichtig aneinander gesetzt werden.
- Zeiger werden subtrahiert, indem der abzuziehende Zeiger mit umgekehrter Richtung angesetzt wird.
- Der Gesamtzeiger ist die Verbindungslinie zwischen Anfang des 1. Zeigers mit der Spitze des letzten Zeigers.

Aufgaben

1. Addieren Sie mit Hilfe eines Zeigerdiagramms die Spannungen $U_1 = 10$ V und $U_2 = 20$ V! Sie bilden zueinander einen Winkel von 90°.

2. Bestimmen Sie die Differenz der Spannungen aus Aufgabe 1!

3. Addieren Sie mit Hilfe eines Zeigerdiagramms die drei Ströme 10 A, 15 A und 20 A! Sie bilden jeweils einen Winkel von 120° zueinander.

4. Drei Spannungsquellen sind in Reihe geschaltet. Sie haben folgende Werte, wobei sich die Winkelangaben auf die Nulllinie (Waagerechte) beziehen.

$\hat{u}_1 = 3{,}11$ V $\hat{u}_2 = 1{,}1$ V $\hat{u}_3 = 3{,}8$ V
$\varphi_1 = 15°$ $\varphi_2 = 0°$ $\varphi_2 = 60°$

Ermitteln Sie mit Hilfe eines Zeigerdiagramms die Größe der Gesamtspannung U!

5. Ermitteln Sie die Gesamtspannung der Aufg. 4 in einer anderen Reihenfolge!
Vergleichen Sie die Ergebnisse miteinander!

6. Durch ein Versehen ist die Spannungsquelle 2 aus Aufg. 4 umgekehrt angeschlossen worden. Ermitteln Sie für diesen Fall die Gesamtspannung U und deren Winkel zur Spannung U_1!

7. Die folgenden zwei Spannungsquellen sind in Reihe geschaltet.
(Bezugslinie für Winkel wie in Aufgabe 4).
$U_1 = 230$ V, $\varphi_1 = 45°$; $U_2 = 115$ V, $\varphi_2 = 90°$.
Es soll jetzt eine 3. Spannungsquelle hinzugeschaltet werden, sodass die Gesamtspannung den Winkel 0° hat und genauso hoch ist wie die Spannung U_1. Ermitteln Sie mit Hilfe eines Zeigerdiagramms Größe und Richtung der Spannung U_3!

8. Ermitteln Sie die möglichen Winkel zwischen zwei gleich großen Spannungen, deren Reihenschaltung das 1,5fache einer Spannung ergibt!

3.2 Drei-Phasen-Wechselspannung

1: Wohnhaus mit Dachständer

3.2.1 Spannungen in Verbraucheranlagen

Die Versorgung mit Drei-Phasen-Wechselspannung erfolgt vom EVU über das **Drehstromnetz.**

Die elektrische Versorgungsleitung zu den meisten Häusern besteht aus vier Leitern (Abb.1):

- den **Außenleitern L1, L2, L3** und
- dem **Nullleiter PEN.**

Der **PEN-Leiter** hat zwei Funktionen:

- aktiver Leiter N (Neutralleiter) und
- Schutzleiter (PE).

Als PE-Leiter wird er bei vielen Maßnahmen zum „Schutz gegen elektrischen Schlag" benutzt. Hier wird er jedoch nur als aktiver Leiter **N** betrachtet.

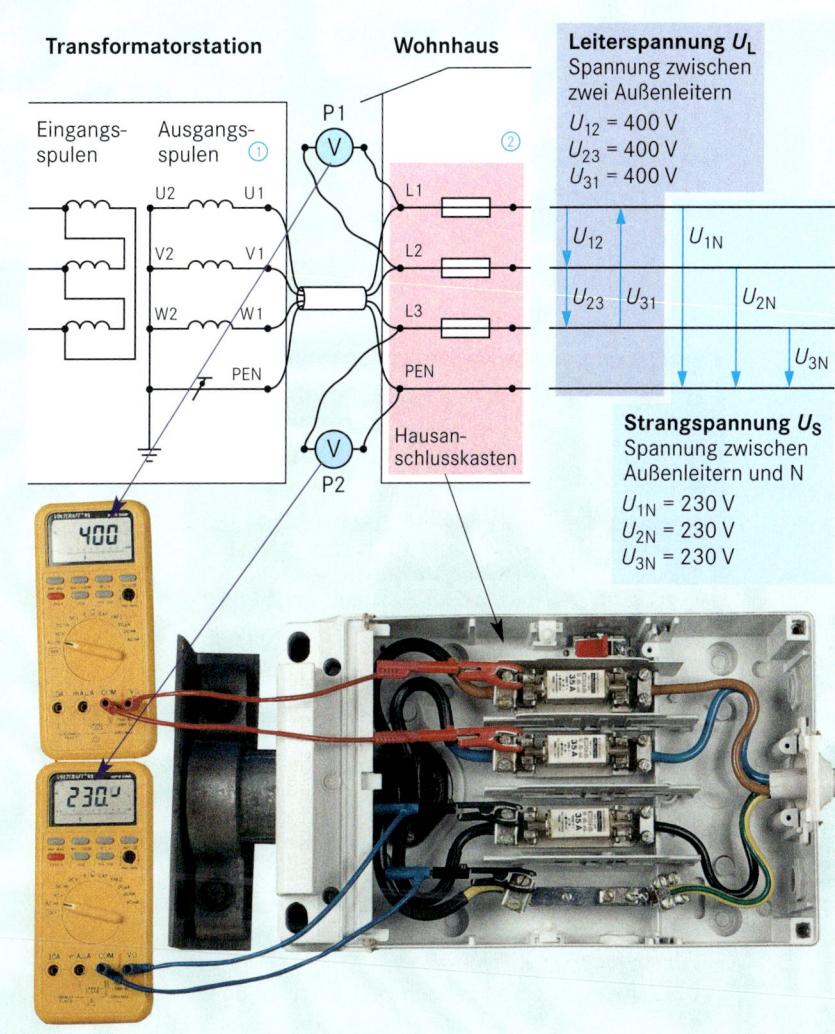

2: Spannungsversorgung eines Hauses

Transformatorstation — **Wohnhaus**

Eingangs-spulen   Ausgangs-spulen ①

U2   U1
V2   V1
W2   W1
PEN

P1
P2

L1
L2
L3
PEN

Hausan-schlusskasten ②

Leiterspannung U_L
Spannung zwischen zwei Außenleitern
$U_{12} = 400$ V
$U_{23} = 400$ V
$U_{31} = 400$ V

U_{12} U_{1N}
U_{23} U_{31} U_{2N}
U_{3N}

Strangspannung U_S
Spannung zwischen Außenleitern und N
$U_{1N} = 230$ V
$U_{2N} = 230$ V
$U_{3N} = 230$ V

Welche Spannungen sind vorhanden?

Wir messen in einem Hausanschlusskasten (HAK) (Abb. 2 ②) zwei Spannungen. Mit dem Messgerät P1 wird zwischen den Außenleitern L1 und L2 die Spannung von 400 V und zwischen L3 und PEN (Messgerät P2) die Spannung von 230 V gemessen.

Wir beschäftigen uns zuerst mit der vereinfachten Darstellung des Versorgungsnetzes (Abb. 2). Die Anlagenteile vor dem Transformator sind nicht dargestellt. Ein Transformator besteht aus 2 Spulen je Phase, nämlich der Eingangsspule und der Ausgangsspule ① (Fachwort: Strang). In der dargestellten Transformatorstation werden die Eingangsspannungen heruntertransformiert. Für unsere Betrachtung müssen wir lediglich wissen, dass in den Ausgangsspulen jeweils eine Spannung von 230 V erzeugt wird.

Da sich die Leiterspannung U_L aus zwei Strangspannungen zusammensetzt, erwartet man vielleicht die doppelte Spannung oder 0 V. Es sind aber 400 V! Daraus lässt sich ableiten, dass die Strangspannungen offensichtlich nicht einfach addiert oder subtrahiert werden können.

- Die Außenleiter im Drehstromnetz haben die Bezeichnungen L1, L2 und L3.

- Die Spannung zwischen zwei Außenleitern heißt Leiterspannung U (oder U_L).

- Die Spannung zwischen einem Außenleiter und dem Neutralleiter N heißt Strangspannung U_{Str}.

Messung mit dem Oszilloskop

Um die Zusammhänge zu verdeutlichen, werden die Spannungen mit einem Zwei-Kanal-Oszilloskop untersucht. Wir können dann den Verlauf der beiden Strangspannungen besser miteinander vergleichen. Die Spannung U_{1N} liegt an Kanal 1 und U_{2N} an Kanal 2. Der Zeitmaßstab ist für beide Kanäle gleich.

Aus messtechnischen Gründen werden die Messleitungen nicht direkt mit dem Netz verbunden, sondern über Tastköpfe (10:1) angeschlossen. Dadurch werden die Messspannungen entsprechend verringert (vgl. Kap. 3.1.1).

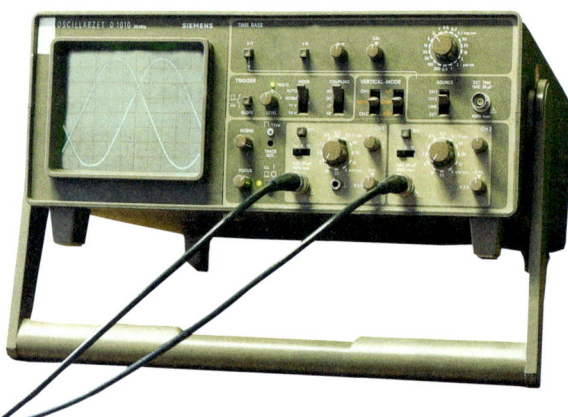

1: Zwei Strangspannungen

Beim Vergleich der Spannungskurven stellen wir fest:

• Beide Spannungen haben gleiche Höhe und gleiche Frequenz. Aus diesem Grund zeigen auch die Messgeräte (vgl. S. 43) gleiche Werte an, nämlich den Effektivwert $U = 230$ V.

• Die Schwingungen sind verschoben, und zwar um etwa 7 ms. Der tatsächliche Wert ist 6,67 ms. Die Spannung U_{2N} eilt der Spannung U_{1N} um ca. 7 ms nach.

Bei dem Vergleich der Strangspannungen U_{2N} und U_{3N} ergeben sich die gleichen Verhältnisse. Für die Darstellung der drei Wechselspannungen können wir zusammenfassend folgendes Diagramm zeichnen.

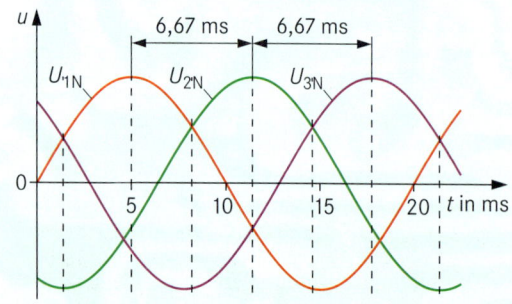

2: Diagramm der Drei-Phasen-Wechselspannung

Wie kommt die Leiterspannung von 400 V zustande ?

Zur Beantwortung dieser Frage beschäftigen wir uns noch einmal mit dem Oszillogramm in Abb.1. Wir haben die beiden Kurven in ein Diagramm auf Millimeterpapier (Abb. 3) übertragen um genaue Werte ablesen zu können. Punktweise messen wir die Unterschiede der Augenblickswerte und tragen sie in ein zweites Diagramm ein. Die Verbindung der Punkte ergibt wieder eine Sinuskurve. Sie ist die Leiterspannung U_{12}.

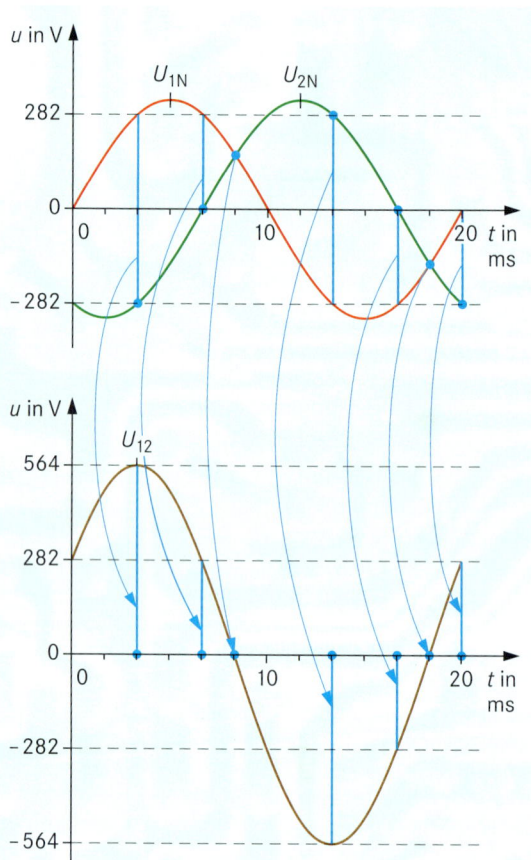

3: Entstehung der Leiterspannungen

Aus dem obigen Diagramm wird der Maximalwert $\hat{u}_{12} = 564$ V entnommen. Hieraus kann der Effektivwert errechnet werden.

$$U_{12} = \frac{\hat{u}_{12}}{\sqrt{2}} \qquad U_{12} = \frac{564\text{ V}}{\sqrt{2}} \qquad \underline{\underline{U_{12} = 400\text{ V}}}$$

Teilt man die Leiterspannung durch die Strangspannung, dann ergibt sich :

$$\frac{400\text{ V}}{230\text{ V}} = 1,74$$

Der genaue Wert dafür ist $1,732 = \sqrt{3}$. Wir erhalten dann folgende Formel:

$$\boxed{U = \sqrt{3} \cdot U_{str}}$$

3.2.2 Entstehung der Spannungen

Sie wissen, dass ein drehender Magnet in einer Spule eine Wechselspannung induziert. Bei einem Drehstrom-Generator dreht sich der Anker ① an drei Spulen vorbei. Diese sind um 120° versetzt auf einem Stator angeordnet. Es entstehen dadurch drei Wechselspannungen.

Diese Spannungen entstehen nacheinander. Wenn sich der Magnet 50-mal in der Sekunde dreht (f = 50 Hz), werden für einen Umlauf 20 ms benötigt. Für 1/3 Umlauf sind also 6,67 ms notwendig, d. h. die Spannungen sind um 6,67 ms verschoben. Das entspricht 120°.

Die drei Spannungskurven haben wir in ein Diagramm eingetragen. Es ergibt sich das Bild von drei verschobenen sinusförmigen Wechselspannungen (Abb. 4).

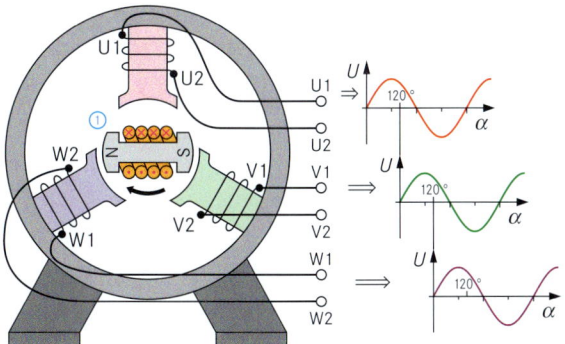

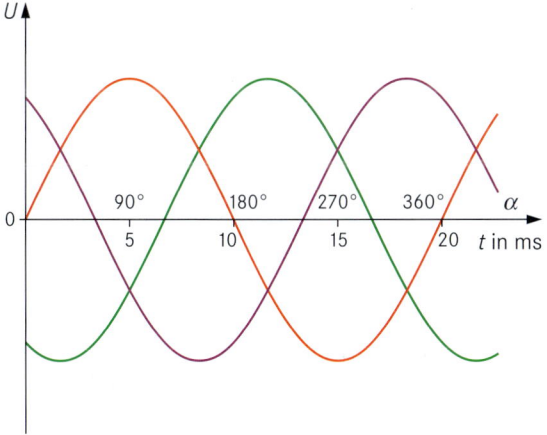

4: Drei-Phasen-Wechselspannungen

Ein Drehstrom-Generator hat drei Statorspulen. Es müssten demnach sechs Klemmen vorhanden sein. Wir wissen aber, dass im EVU-Netz nur vier Leiter geführt werden. Die sechs Anschlüsse der Generatorspulen sind demnach zusammengeschaltet.

Wir wollen mit den folgenden Versuchen erklären,
• wie die Anschlüsse zusammengeschaltet sind und
• warum diese Schaltungen möglich sind.

Versuch 1

U_S = 230 V P_{Lampe} = 15 W

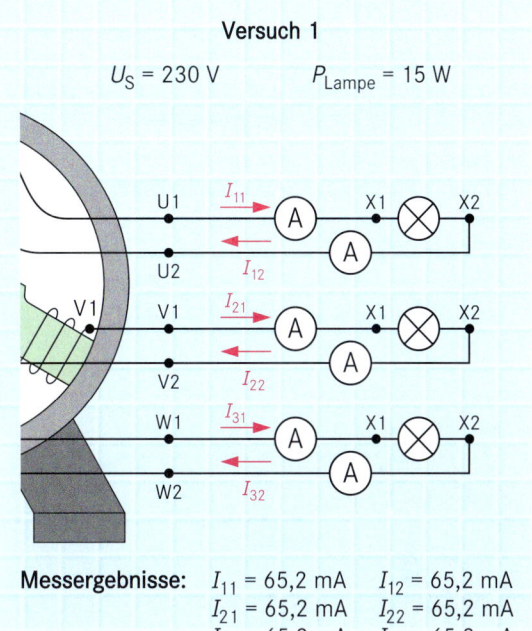

Messergebnisse: I_{11} = 65,2 mA I_{12} = 65,2 mA
I_{21} = 65,2 mA I_{22} = 65,2 mA
I_{31} = 65,2 mA I_{32} = 65,2 mA

Versuch 2

Die Spulenenden U2, V2 und W2 werden miteinander verbunden (Generator-Sternpunkt ②), ebenso die Ausgänge X2 der Lampen (Verbraucher-Sternpunkt ③).

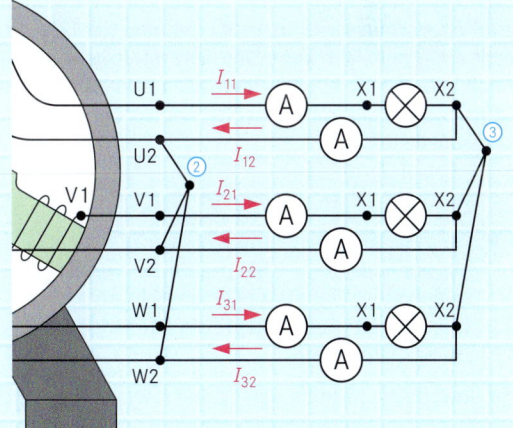

Beobachtung:
Die Lampen leuchten genauso hell wie vorher.

Messergebnisse: I_{11} = 65,2 mA I_{12} = 0
I_{21} = 65,2 mA I_{22} = 0
I_{31} = 65,2 mA I_{32} = 0

Folgerung:
Da in den "Rückleitern" jetzt kein Strom mehr fließt, muss die Summe der zum Knotenpunkt fließenden Ströme gleich null sein. Demnach können die "Rückleiter" entfernt werden.

Das Drehstromsystem hat jetzt nur noch drei Leiter. Das Zusammenführen der drei Wechselspannungen wird als **Verkettung** bezeichnet. Das Verhältnis (Quotient) von Leiterspannung (z. B. 400 V) zur Strangspannung (z. B. 230 V) heißt **Verkettungsfaktor** ($\sqrt{3}$).

Der Generator-Knotenpunkt und der Verbraucher-Sternpunkt können durch den **Neutralleiter N** miteinander verbunden sein. Es ergibt sich dann die folgende Schaltung.

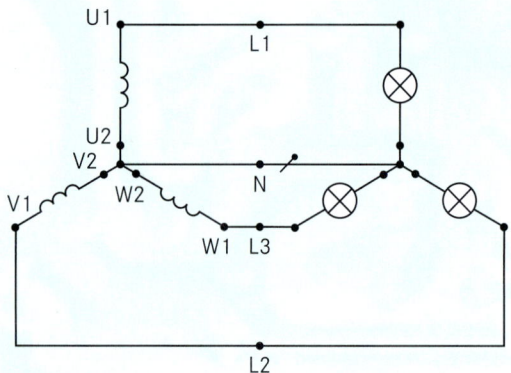

1: Drehstromsystem

Wozu wird der Neutralleiter gebraucht ?

Bei den Versuchen haben die drei Glühlampen die gleiche Leistung (15 W). Somit fließt in den drei Außenleitern die **gleiche Stromstärke.** Wenn unterschiedlich große Verbraucher an die einzelnen Außenleiter angeschlossen sind, ist die Summe der Ströme nicht mehr null. Man sagt: Das Netz ist **unsymmetrisch** belastet. Durch den Neutralleiter fließt dann ein Strom (Ausgleichstrom) zum Sternpunkt der Spannungsquelle.

- Die drei Wechselspannungen des Drehstroms werden in drei um 120° (räumlich) versetzten Spulen eines Generators erzeugt. Es entstehen drei um 120° verschobene sinusförmige Strangspannungen.
- Jeweils eine Klemme der Spulen wird zum Sternpunkt zusammengeschaltet.
- Das Zusammenschalten der drei Wechselspannungen wird als Verkettung bezeichnet.
- Die Leiterspannung ergibt sich aus Strangspannung multipliziert mit dem Verkettungsfaktor ($\sqrt{3}$).
- Die Sternpunkte von Generator und Verbraucher sind durch den Neutralleiter N verbunden.
- Bei unsymmetrischer Belastung des Drehstromsystems fließt über den Neutralleiter ein Strom.

Leiterspannung U_{12}

Um die Spannung zwischen zwei Außenleitern berechnen zu können muss die Differenz der zugehörigen Strangspannungen gebildet werden.

$$U_{12} = U_{1N} - U_{2N}$$

Zur Ermittlung dieser Spannungsdifferenz verwenden wir folgendes Zeigerdiagramm (vgl. S. 42).

Maßstab: 1 cm $\triangleq$ 100 V

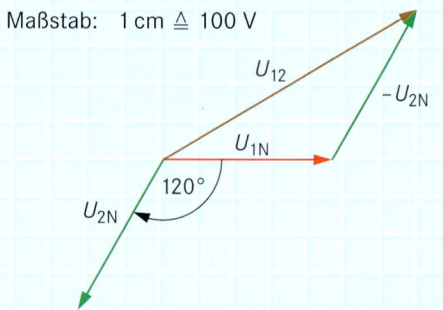

Die Länge des Zeigers U_{12} lässt sich auch mit Hilfe von **Winkelfunktionen** berechnen. Wir verwenden dazu das Dreieck aus der obigen Darstellung.

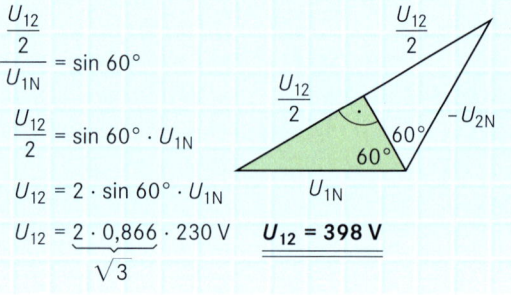

$$\frac{\frac{U_{12}}{2}}{U_{1N}} = \sin 60°$$

$$\frac{U_{12}}{2} = \sin 60° \cdot U_{1N}$$

$$U_{12} = 2 \cdot \sin 60° \cdot U_{1N}$$

$$U_{12} = \underset{\sqrt{3}}{\underline{2 \cdot 0{,}866}} \cdot 230 \text{ V} \qquad \underline{\underline{U_{12} = 398 \text{ V}}}$$

Aufgaben

1. Zeichnen Sie das Liniendiagramm eines Drehstrom-Systems mit den Strangspannungen U_{1N} = 10 V und U_{2N} = 10 V!

2. a) Ermitteln Sie für möglichst viele Zeitpunkte den Spannungsunterschied aus Aufg. 1!
b) Zeichnen Sie die Spannungskurve U_{12} mit Hilfe der Werte von a) in das Diagramm zu Aufg. 1 ein!

3. Bestimmen Sie die Winkel zwischen den Spannungen U_{1N} und U_{12} sowie zwischen U_{2N} und U_{12} aus Aufg. 2b)!

4. Zeichnen Sie das Zeigerdiagramm zu Aufg. 2b)!

5. Erläutern Sie den Begriff „Verkettung" im Drehstrom-System!

6. Berechnen Sie den Maximalwert der Leiterspannung im EVU-Drehstromnetz !

3.3 Gleichspannung

Für die Energieversorgung ortsveränderlicher Geräte, z. B. eines Walkmans, werden Batterien eingesetzt. Sie erzeugen mit Hilfe chemischer Energie Gleichspannung.

3.3.1 Kenndaten von Batterien

Wenn nur eine Zelle (z. B. Monozelle 1,5 V) vorhanden ist, darf eigentlich nicht von einer "Batterie" gesprochen werden. Der Begriff "Batterie" meint immer mehrere Zellen. Wir beschäftigen uns zuerst mit der Verwendung dieser Spannungsquellen. Dazu betrachten wir die folgende Mignonzelle (Abb. 2).

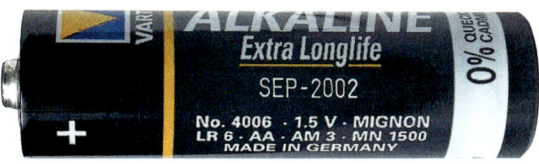

2: Mignonzelle

Batteriegrößen

Inter- nationale Bezeich- nung	Handels- übliche Bezeich- nung	Technolog. Bezeichnungen		Bemes- sungs- Spannung
		für Alkaline	für Zink-Kohle	
AA	Mignon	LR 6	R 6	1,5 V
AAA	Micro	LR 03	R 03	1,5 V
C	Baby	LR 14	R 14	1,5 V
D	Mono	LR 20	R 20	1,5 V
9 V	E-Block	6 LR 61	6 F 22	6 x 1,5V = 9,0V
4,5 V	Normal/ Flach	3 LR 12	3 R 12	3 x 1,5V = 4,5V

Entladespannung

Die folgenden Kurven zeigen die Klemmenspannungen verschiedener Batteriearten in Abhängigkeit von der

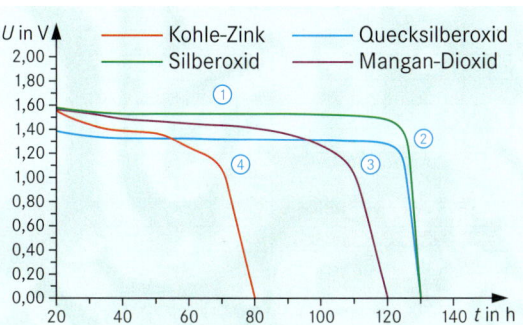

Belastungszeit (gleiche Belastung). Die gespeicherte Energie (**Kapazität**) wird dabei in Arbeit umgesetzt, d. h. die Zelle wird "entladen". Daher kommt auch der Ausdruck Entladespannung.

Bei Silberoxid- und Quecksilber-Zellen ist die Klemmenspannung über eine bestimmte Zeit recht konstant ①, dann aber fällt sie stark ab ②. Bei Alkaline (Mangan-Dioxid) ③ und bei Kohle-Zink-Zellen ④ ist die Spannungsabsenkung schon früher festzustellen.

Energiedichte

Die batteriebetriebenen Geräte werden immer kleiner, deshalb schrumpft auch der Platz für die Spannungsversorgung. Es werden also immer kleinere Batterien benötigt, die aber die gleiche Kapazität haben sollen. Die gespeicherte Energie bezogen auf das Volumen (oder die Masse) wird also immer größer. Dieses Verhältnis wird Energiedichte genannt.

Beispiele:
LR14: $300 \ \mathrm{mWh/cm^3}$
MR14: $500 \ \mathrm{mWh/cm^3}$

Einsatzbereich

Damit die richtige Batterie für das betreffende Gerät verwendet wird, hat sich die Industrie auf Anwendungssymbole geeinigt. Sie sind auf den Verpackungen der Batterien abgebildet.

Geeignet für

Fotokamera

Fern-
bedienung

Batterie-Eigenschaften

Benennung	IEC- Kenn- buch- stabe	Eigenschaften	Anwendungs- beispiele
Zink- Kohle	R	geringe Kosten, bei niedrigen Temperaturen schlechte Leistung	Radio, Taschenlampe, Spielzeug, Fernbedienung
Alkali- Mangan	LR	gutes Preis/ Leistungs- verhältnis, bei niedrigen Temperaturen gute Leistungen	Blitzgerät, Kassetten- recorder, Walkie-Talkie, Foto-Kamera
Queck- silber- oxid	MR	hoch belastbar, umwelt- belastend	Hörgeräte, Belichtungs- messer, Taschenrechner
Silber- oxid	SR	gut belastbar, bessere Energie- ausnutzung als bei MR	Armbanduhren, Belichtungs- messer, Taschenrechner, Hörgeräte

Umgang mit Batterien

- Nicht kurzschließen!
  Der hohe Strom kann die Batterie zerstören.

- Nicht zerlegen!
  Der Elektrolyt kann verätzen.

- Nicht ins Feuer werfen!
  Die Batterie kann explodieren.

- Kühl lagern!
  Hohe Temperaturen fördern die Selbstentladung.

- Batterien aus ungenutzten Geräten entfernen!
  Die Batterien können auslaufen oder sich selbst entladen.

Entsorgen von Batterien

- Schadstoffhaltige und gekennzeichnete Batterien mit Schwermetallen (Cadmium, Blei oder Quecksilber) dürfen nicht in den Hausmüll, sondern müssen an Verkäufer bzw. an Sammelstellen gegeben werden.

Cd

- Knopfzellen werden unabhängig von ihren Inhaltsstoffen an Verkäufer (bzw. Sammelstellen) zurückgegeben.

Beim Händler werden die Batterien nach Inhaltsstoffen getrennt gesammelt und an konzessionierte Wiederaufbereitungs-Unternehmen geschickt (Batterieverordnung vom 27. März 1998).

- Zink-Kohle- und Alkaline-Batterien enthalten keine Schwermetalle, deshalb dürfen sie mit dem Hausmüll entsorgt werden.

- Batterien werden mit folgenden Kennzeichnungen versehen: Bemessungsspannung, Größenangabe mit Materialangabe.

- Die Energiedichte gibt die gespeicherte Energie pro Volumen oder Masse an.

- Gekennzeichnete Batterien müssen vom Verkäufer bzw. von den Sammelstellen kostenlos wieder angenommen werden.

Chemische Energie erzeugt Spannung

Vielleicht hatten Sie schon einmal ein Stück Stanniolpapier im Mund und spürten dabei ein merkwürdiges Prickeln und einen unangenehmen Geschmack. Was war passiert?

Zwei Metalle (Stanniolpapier und Zahnfüllung) bildeten zusammen mit dem Speichel ein **elektrochemisches Element.** Dies erzeugte im Mund eine Spannung und einen Strom.

Mit dem Versuch kann man eine chemische Spannungsquelle herstellen. Zwei Metalle (Kupfer und Zink) werden in eine Flüssigkeit (Kochsalzlösung) gehängt. An den Platten kann eine Gleichspannung gemessen werden.

Die Spannungen der verschiedenen Leiterwerkstoffe bezüglich Wasserstoff können auf einem Strahl aufgetragen werden. Es ergibt sich so **die elektrochemische Spannungsreihe.**

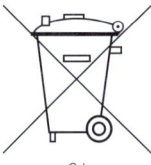

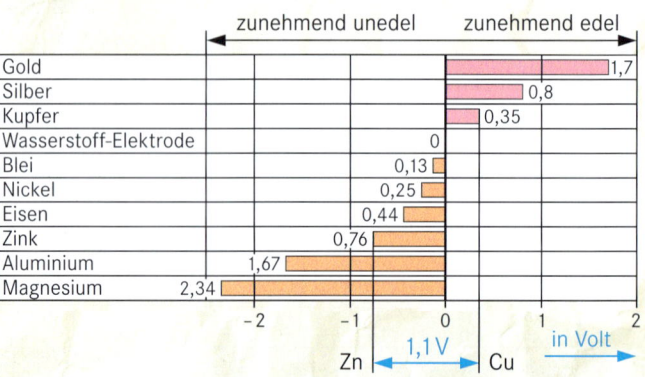

Galvanisches Element

Wie kommt die Spannung zustande ?

Jeder leitende Stoff gibt beim Eintauchen in einen Elektrolyten entweder Elektronen ab oder nimmt Elektronen auf. Er hat dann gegenüber dem Elektrolyten eine elektrische Spannung. Taucht man jetzt einen anderen Leiter ein, so entsteht auch an ihm eine Spannung gegenüber dem Elektrolyten. Die beiden Spannungen sind verschieden groß. Zwischen den Leitern besteht dann ein Spannungsunterschied, also eine Spannung. Hieraus kann man schließen, dass die Spannung an den beiden Elektroden lediglich von ihren Materialien abhängt.

	zunehmend unedel			zunehmend edel	
Gold					1,7
Silber				0,8	
Kupfer				0,35	
Wasserstoff-Elektrode			0		
Blei			0,13		
Nickel			0,25		
Eisen			0,44		
Zink		0,76			
Aluminium	1,67				
Magnesium	2,34				

−2	−1	0	1	2

Zn 1,1 V Cu   in Volt

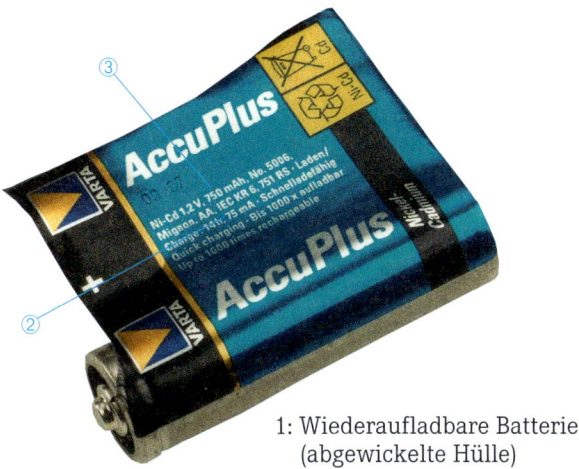

1: Wiederaufladbare Batterie
(abgewickelte Hülle)

3.3.2 Akkumulatoren

Die abgebildete Mignon-Zelle kann wieder aufgeladen werden. Darauf weist die Abkürzung **"Accu"** hin. Das ist von dem lateinischen Wort "accumulare" (lat. Sammeln) abgeleitet.

Laden von Akkumulatoren

Beim Laden ruft die zugeführte elektrische Energie in der Spannungsquelle einen chemischen Prozess hervor. Es werden Ladungen getrennt, sodass an den Anschlussklemmen eine Spannung anliegt. Diese steht nach dem Laden als Ursache des Stromes zur Verfügung.
Hierbei muss zuerst Energie zugeführt werden ①, bevor Energie entnommen werden kann. Es sind zwei Schritte erforderlich. Deshalb heißen Akkumulatoren auch **Sekundärelemente.**

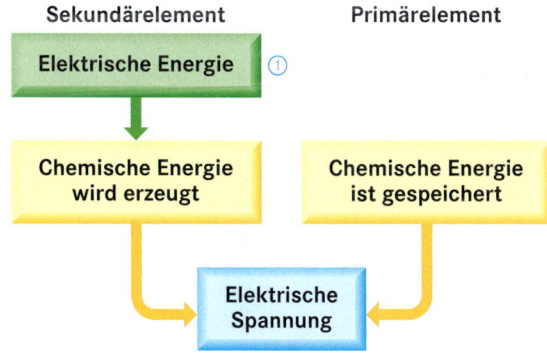

"Charge 14 h, 75mA" ② in Abb.1 bedeutet, dass nach 14 Stunden Ladezeit mit 75 mA die volle Kapazität von 750 mAh ③ vorhanden ist. Hieraus ergibt sich, dass die eingeladene Kapazität (14 h · 75 mA =1050 mAh) 1,4-mal größer ist als die **Bemessungskapazität** C_A (750 mAh).
Das Laden soll möglichst langsam erfolgen, damit der Akkumulator geschont wird. Der Ladestrom soll etwa $I_{Lade} = \frac{C_a}{10h}$ sein. Je nach Batterietyp beträgt dann die Ladezeit 10 ... 16 Stunden. Dies wird mit **Normalladen** bezeichnet.

Beim **Schnellladen** ist der Ladestrom 5 ... 20-mal höher als beim Normalladen. Da ein Überladen den Akku zerstört, muss der Ladestrom bei Erreichen der Bemessungskapazität abgeschaltet werden. Gute Ladegeräte schalten den Ladestrom zu diesem Zeitpunkt nicht ab, sondern verringern ihn auf sehr kleine Werte (1/20 des Normalladestroms). Diese geringe Stromstärke gleicht gerade die Selbstentladung aus.

Sollen "halbleere" Akkumulatoren geladen werden?

Das kommt auf das Material der Elektroden an. Bei den weitverbreiteten **Ni-Cd**-Akkumulatoren (Nickel-Cadmium) entstehen beim Laden nach einer Teilentladung chemische Verbindungen, die die Kapazität stark herabsetzen. Bei weiteren Ladevorgängen hat sich der Akku diese verringerte Kapazität sozusagen "gemerkt". Man nennt deshalb dieses Phänomen **Memoryeffekt** (engl.: Erinnerung). Durch vollständiges Entladen (**Tiefentladung**) kann der Akkumulator wieder "geheilt" werden und hat dann wieder seine alte Leistungsfähigkeit. Bei anderen Materialien (z. B. Lithium-Ionen-Akkumulatoren) kommt der Effekt nicht vor.

- Sekundärelemente können wieder geladen werden.
- Normalladen soll mit einer Stromstärke von $I_L = \frac{C_a}{10h}$ durchgeführt werden.
- Beim Schnellladen muss der Ladestrom bei Erreichen der Bemessungskapazität abgeschaltet werden.
- Ni-Cd-Akkumulatoren sollen wegen des Memoryeffektes erst nach vollständiger Entladung wieder geladen werden.

Aufgaben

1. Geben Sie die IEC-Kennzeichnung einer Monozelle mit Alkali-Mangan an!

2. Welche Batterie wird mit 3R12 gekennzeichnet?

3. Vergleichen Sie die Entladekurven von Mangan-Dioxid- und Kohle-Zink-Zellen (S. 47)!

4. Warum sind Kohle-Zink-Zellen für Warnblinkleuchten ungeeignet!

5. Vergleichen Sie die Entladekurve der Alkaline-Zelle mit der entsprechenden Bemessungsspannung!

6. Machen Sie fünf wichtige Aussagen zum Umgang mit Batterien!

7. Worauf müssen Sie beim Schnellladen besonders achten?

8. Wodurch können Sie die Auswirkungen des Memoryeffektes beseitigen?

In welchen Fällen sollten Sekundärelemente verwendet werden?

Hierzu müssen wir den Preis und den Einsatzbereich betrachten.

Bei den **Kosten** ist zu berücksichtigen, dass Akkumulatoren etwa 1000-mal geladen werden können. Daraus darf aber nicht geschlossen werden, dass dies 1000 Batterien entspricht, weil sich Akkus bei der Lagerung (Leerlauf) schneller entladen als Primärbatterien "leer" werden. Man kann hier etwa die Hälfte ansetzen.

Akkumulatoren sind für Dauereinsatz gedacht, nicht aber für zeitweisen Einsatz (Impulsbetrieb) geeignet (z. B. Fernbedienung), weil sie sich auch im Leerlauf entladen.

Schutzbrille tragen · offenes Feuer verboten · Kapazität · Gefahrenstelle · explosionsgefährdeter Stoff · ätzender Stoff

Großakkumulatoren

Diese Akkumulatoren haben wesentlich größere Abmessungen als die auf der vorherigen Seite beschriebenen. Ihre Platten sind teilweise parallel geschaltet. Sie haben dadurch eine große Kapazität. Die abgebildete Batterie hat 230 Ah.

Solche Batterien bestehen aus Einzelzellen, die zur Erhöhung der Bemessungsspannung in Reihe geschaltet sind.

Der Elektrolyt ist bei den Großakkumulatoren entweder flüssig oder in Gelform vorhanden. Das Gehäuse muss deshalb besonders robust gebaut sein.

Verwendung

• Großakkumulatoren werden in **stationären Anlagen** eingesetzt wie Sicherheitsbeleuchtung, Ersatzspannungsversorgung u. ä.

• Großakkumulatoren werden als **Fahrzeugbatterie** für den Antrieb in Elektrofahrzeugen wie Krankenfahrstuhl, Reinigungsmaschinen, Gabelstabler u. ä. verwendet.

• Großakkumulatoren sind als **Starterbatterie** z. B. für Motorräder, PKW und Nutzfahrzeuge eingesetzt.

Laden von Blei-Akkumulatoren

Eine ungeladene Blei-Zelle besteht grundsätzlich aus zwei Bleiplatten, die in verdünnter Schwefelsäure hängen. Sie überziehen sich mit Bleisulfat.

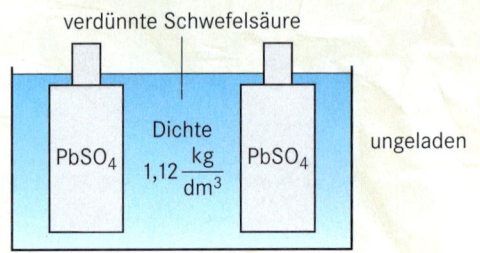

verdünnte Schwefelsäure

$PbSO_4$ — Dichte $1{,}12 \frac{kg}{dm^3}$ — $PbSO_4$ — ungeladen

Wird jetzt Spannung an die Platten gelegt wandelt sich das Bleisulfat an der Anode zu Bleidioxid und an der Kathode zu Blei um.

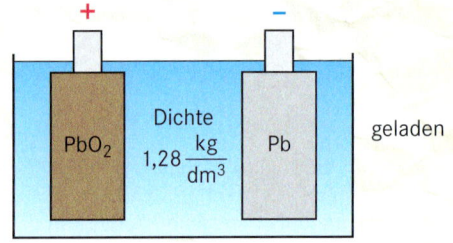

+ — −

PbO_2 — Dichte $1{,}28 \frac{kg}{dm^3}$ — Pb — geladen

Da jetzt die beiden Platten aus verschiedenen Materialien bestehen, liegt eine Spannung zwischen den Platten.

Beim Entladen kehrt sich der Vorgang um, sodass wieder an beiden Platten Bleisulfat entsteht. Es ist dann keine Spannung mehr vorhanden.

Entsorgung

Großbatterien haben zum überwiegenden Teil als Elektroden **Bleiplatten** in sehr unterschiedlichen Ausführungen. Deshalb ist eine besondere Entsorgung notwendig. Der Hersteller muss die Batterien unentgeltlich zurücknehmen und umweltgerecht entsorgen.

Der Endverbraucher ist verpflichtet schadstoffhaltige Batterien an den Händler bzw. die Sammelstellen zurückzugeben. Als Anreiz, dass der Endverbraucher das auch tatsächlich tut, muss der Händler beim Verkauf von **Starterbatterien** ein Pfand in Höhe von z. Z. 15 DM erheben.

■ Sekundärelemente sind für Impulsbetrieb nicht geeignet.

■ Großakkumulatoren enthalten flüssige oder gelförmige Elektrolyte.

■ Schadstoffhaltige Batterien müssen vom Verbraucher zurückgegeben und vom Händler angenommen werden.

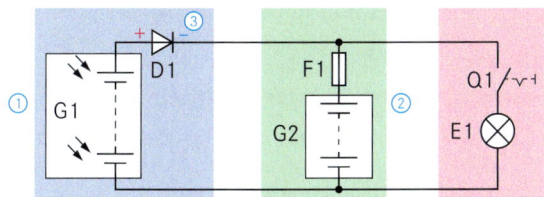

3.3.3 Fotovoltaik-anlagen

Die abgebildete Anlage besteht aus den Solarzellen ① und einer parallelgeschalteten Batterie ②. Auf diese Weise werden die Verbraucher entweder von den Solarzellen oder von dem Akkumulator gespeist.

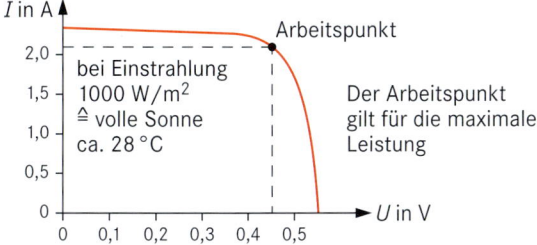

Die Batterie liegt ständig an den Solarzellen, d. h. sie könnte entladen werden und dabei die Solarzellen zerstören. Um das zu vermeiden ist eine **Diode** ③ eingebaut. Sie lässt Strom nur in einer Richtung durch und zwar von Plus nach Minus. Für den Strom von der Batterie sperrt die Diode den Stromkreis.

Die Abb. 1 zeigt eine typische Strom-Spannungs-Kennlinie für eine Solarzelle. Eine Solarzelle erzeugt eine Spannung von etwa 0,5 V. Damit höhere Spannungen möglich sind, werden mehrere Zellen zu einem **Solarmodul** in Reihe geschaltet. Üblich ist eine Bemessungsspannung von 12 V. Um noch höhere Spannungen zu erzeugen, müssen weitere Module in Reihe geschaltet werden. Um größere Ströme zu ermöglichen, werden die Module parallel geschaltet.

```
I in A
2,0 ┤━━━━━━━━━━  • Arbeitspunkt
    │    bei Einstrahlung
1,5 ┤    1000 W/m²
    │    ≙ volle Sonne        Der Arbeitspunkt
1,0 ┤    ca. 28 °C            gilt für die maximale
    │                         Leistung
0,5 ┤
    │                   │
  0 ┼──┬──┬──┬──┬──┬──┬──→ U in V
    0  0,1 0,2 0,3 0,4 0,5
```

1: Strom-Spannungs-Kennlinie einer Solarzelle

Batterieschutz

Bei der vorgestellten Kleinanlage wird die Batterie ständig aufgeladen. Sie kann also überladen und u. U. zerstört werden. Deshalb wird durch den Einbau eines **Spannungsreglers** der Ladestrom in Abhängigkeit vom Ladezustand des Akkumulators geregelt.

Außerdem besteht die Gefahr, dass bei anhaltender Entladung die Batterie zu tief entladen und dadurch zerstört wird. Um dem entgegenzuwirken wird ein **Tiefentladeschutz** eingebaut.

Spannungserzeugung in Solarzellen

Solarzellen bestehen prinzipiell aus zwei Schichten mit unterschiedlichem elektrischen Verhalten. In einer Schicht befinden sich Elektronen, die nicht an das Molekulargitter gebunden sind. Man bezeichnet diese Eigenschaft als **N-Dotierung** (N = negativ).

Bei der zweiten Schicht ist es umgekehrt. Hier fehlen dem Gitter Elektronen. Die Bezeichnung hierfür ist **P-Dotierung** (P = positiv). Zwischen beiden Schichten befindet sich eine isolierende Grenzschicht.

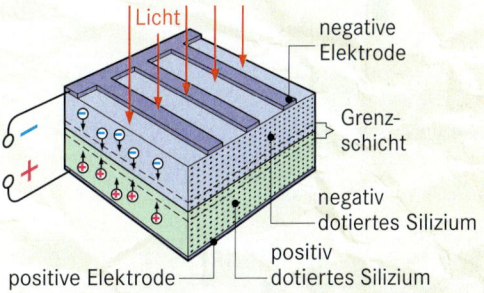

Treffen Lichtstrahlen (**Photonen**) auf die Schichten wandern Elektronen in die P-Schicht. Dort entsteht ein Elektronenüberschuss. Das ist dann der negative Pol der Spannungsquelle. Die andere Schicht hat Elektronen verloren und wird positiv. Zwischen beiden Schichten herrscht jetzt eine Spannung.

- Solarzellen erzeugen mit Hilfe von Licht elektrische Spannung.
- Eine Solarzelle erzeugt eine Spannung von etwa 0,5 V.
- Solarzellen werden zu Modulen als Baueinheit zusammengefasst.
- Zum Schutz der Batterien werden Fotovoltaikanlagen mit Spannungsreglern und Tiefentladeschutz versehen.

Aufgaben

1. Zeichnen Sie den Stromlaufplan der Schaltung einer einfachen Fotovoltaikanlage!

2. Solarzellen können Betriebsmittel auch direkt (ohne Batterien) mit Spannung versorgen. Nennen Sie fünf solcher Geräte!

3.3.4 Spannungsverhalten

Jeder hat bereits die Erfahrung gemacht, dass die Armaturenbeleuchtung eines Autos dunkler wird, wenn der Starter betätigt wird. Woher kommt das?

Starter und Beleuchtung sind parallel geschaltet. Wenn die Beleuchtung dunkler wurde, muss der Strom kleiner geworden sein. Dafür gibt es zwei Möglichkeiten. Zum einen kann der Widerstand größer geworden sein. Das ist aber nicht der Fall, weil die Glühlampen unverändert geblieben sind. Also kann nur die Klemmenspannung U_{Kl} der Batterie geringer geworden sein.

Zur Untersuchung dieser Abhängigkeit wird eine Starterbatterie mit unterschiedlichen Widerständen belastet. Dabei werden die Stromstärke I und die Klemmenspannung U_{Kl} der Batterie gemessen.

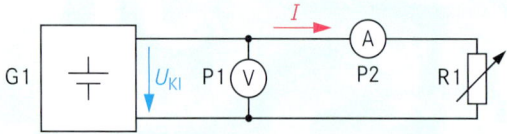

Messergebnisse:

R in Ω	∞	1	0,1	0	
I in A	0	5,45	30	60	①
U_{Kl} in V	6	5,45	3	0	②

Erklärung:

- Je größer die Stromstärke ① wird, desto kleiner wird die Klemmenspannung ② der Spannungsquelle.

- In der Spannungsquelle muss ein Spannungsverlust (**innerer Spannungsfall**) eingetreten sein.

Eine reale Spannungsquelle ③ müssen wir uns deshalb wie die Reihenschaltung einer idealen Spannungsquelle mit der **Quellenspannung U_q** ④ und einem **inneren Widerstand R_i** ⑤ vorstellen. An ihm entsteht bei Belastung der innere Spannungsfall U_i.

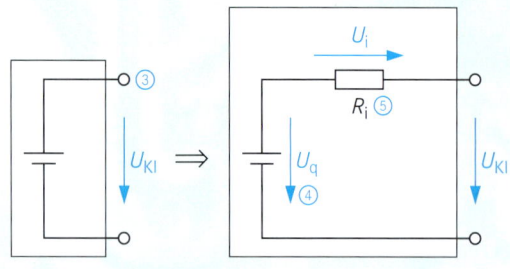

Wir kommen dann zu folgenden Formeln:

$$U_q = U_{Kl} + U_i \qquad\qquad U_i = I \cdot R_i$$

$$\boxed{U_{Kl} = U_q - I \cdot R_i}$$

Im **Leerlauf** ($R = \infty$) liegt die Quellenspannung an den Klemmen der Batterie, dann ist $U_{Kl} = U_q$. Mit einem hochohmigen Messgerät kann diese Spannung gemessen werden.

Bei **Kurzschluss** ($R = 0\ \Omega$) liegt die gesamte Quellenspannung am inneren Widerstand, durch den der Kurzschlussstrom I_K fließt. Dieser Strom kann mit einem niederohmigen Messgerät gemessen werden.

Der **innere Widerstand R_i** errechnet sich nach folgender Formel:

$$\boxed{R_i = \frac{U_q}{I_K}}$$

Innere Spannungsverluste treten bei allen Energiequellen auf, also auch bei Generatoren. Auch sie haben innere Widerstände. Um diese zu bestimmen kann die Spannungsquelle nicht kurzgeschlossen werden.

Stromstärke und Klemmenspannung werden bei verschiedenen Belastungen gemessen. R_i wird dann nach folgender Formel berechnet:

$$\boxed{R_i = \frac{U_{Kl1} - U_{Kl2}}{I_2 - I_1}}$$

- Die reale Spannungsquelle kann man sich als Reihenschaltung einer idealen Spannungsquelle und dem inneren Widerstand vorstellen.

- Bei Belastung entsteht in allen Spannungsquellen ein innerer Spannungsfall.

- Im Leerlauf (unbelastet) ist die Quellenspannung gleich der Klemmenspannung.

Aufgaben

1. Erklären Sie, warum z. B. die Helligkeit einer Wohnraum-Beleuchtung kleiner wird, wenn in der Nachbarschaft ein leistungsstarker Elektromotor (z. B. ein Winkelschleifer) eingeschaltet wird!

2. Berechnen Sie den inneren Widerstand der Spannungsquelle unseres Versuchs!

3. Berechnen Sie die Quellenspannung einer Starterbatterie, die bei einer Belastung mit 7 A eine Klemmenspannung von 11,6 V und beim Anlassen ($I = 110$ A) des Motors eine Klemmenspannung von 6,4 V hat!

4. Bei Belastung einer Spannungsquelle mit 1 Ω sinkt die Klemmenspannung auf die Hälfte. Wie groß ist der innere Widerstand?

3.3.5 Schaltungen von Spannungsquellen

Reihenschaltung

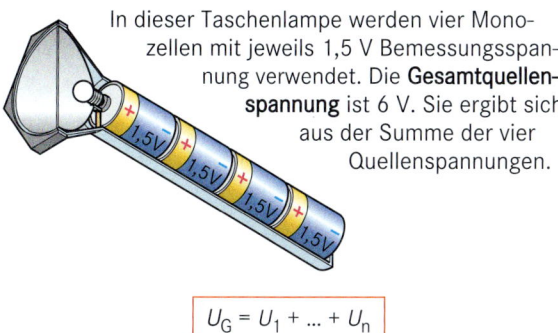

In dieser Taschenlampe werden vier Monozellen mit jeweils 1,5 V Bemessungsspannung verwendet. Die **Gesamtquellen-
spannung** ist 6 V. Sie ergibt sich
aus der Summe der vier
Quellenspannungen.

$$U_G = U_1 + \ldots + U_n$$

Diese Rechnung stimmt natürlich nur dann, wenn alle Monozellen in der gleichen Richtung (wie oben abgebildet) eingelegt sind.

In der Praxis wird für diese Taschenlampe eine 4,8 V-Glühlampe (statt 6 V) eingesetzt, weil die inneren Spannungsfälle berücksichtigt werden müssen.

Bei einer Reihenschaltung von Spannungsquellen sind auch die inneren Widerstände in Reihe geschaltet. Für den **Gesamtinnenwiderstand** R_{iG} ergibt sich dann:

$$R_{iG} = R_{i1} + \ldots + R_{in}$$

Parallelschaltung

Hier ist die Starthilfe bei einem PKW dargestellt. Es handelt sich dabei um die Parallelschaltung zweier Starterbatterien. Dabei addieren sich die Ströme (Abb. 1 ①).

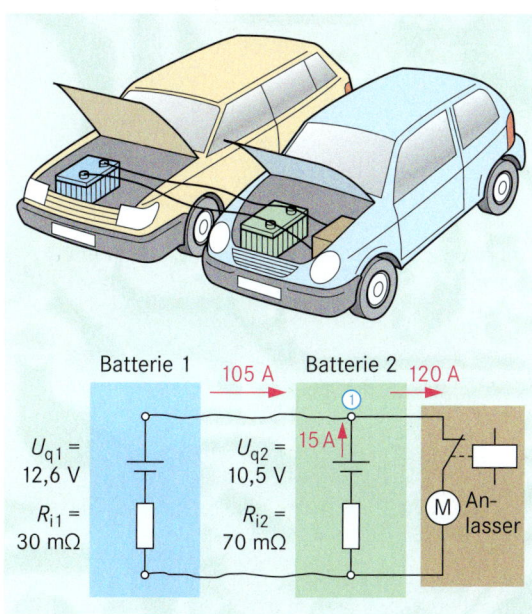

1: Starthilfe

Wenn der Motor gestartet ist, wird der Anlasser abgeschaltet. Jetzt sind nur noch die beiden Batterien miteinander verbunden.

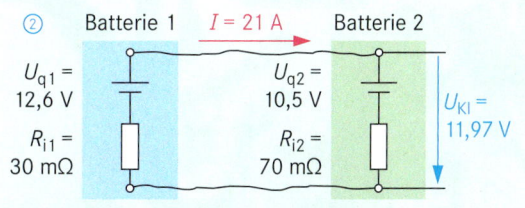

2: Batterieschaltung nach dem Anlassen

Die Batterien haben unterschiedliche Spannungen, d. h. sie sind unterschiedlich geladen. Es fließt daher zwischen den gleichnamigen Platten (z. B. Pluspol der Batterie 1 und Pluspol der Batterie 2) ein Ausgleichsstrom. Er fließt solange, bis beide Batterien den gleichen Ladezustand haben. Ist eine der beiden defekt, entleert sich die andere vollständig. Deshalb muss die zweite Batterie sofort nach dem Starten abgeklemmt werden.

Bei dauerhaften Parallelschalten von Akkumulatoren zur Erhöhung der entnehmbaren Stromstärke sollen folgende Bedingungen erfüllt sein:
- gleiche Quellenspannung,
- gleicher Ladezustand und
- gleicher Innenwiderstand (gleicher Batterietyp).

- Zur Erhöhung der Spannung werden Spannungsquellen in Reihe geschaltet.

- Zur Vergrößerung der entnehmbaren Stromstärke werden Spannungsquellen parallel geschaltet.

- Spannungsquellen, die parallel geschaltet werden, sollen in ihren Daten übereinstimmen.

Aufgaben

1. Drei gleiche Spannungsquellen mit folgenden Daten werden in Reihe geschaltet und mit einem Widerstand von 48 Ω verbunden.
$U_q = 13{,}5$ V $R_i = 2$ Ω
a) Berechnen Sie Stromstärke und Spannung am Belastungswiderstand!
b) Beschreiben Sie, wie sich die o. g. Werte ändern, wenn eine Spannungsquelle den doppelt so hohen Innenwiderstand und eine um 30% niedrigere Quellenspannung hat!

2. Warum werden Spannungsquellen parallel geschaltet?

3. Worauf müssen Sie achten, wenn Sie Spannungsquellen parallel schalten wollen?

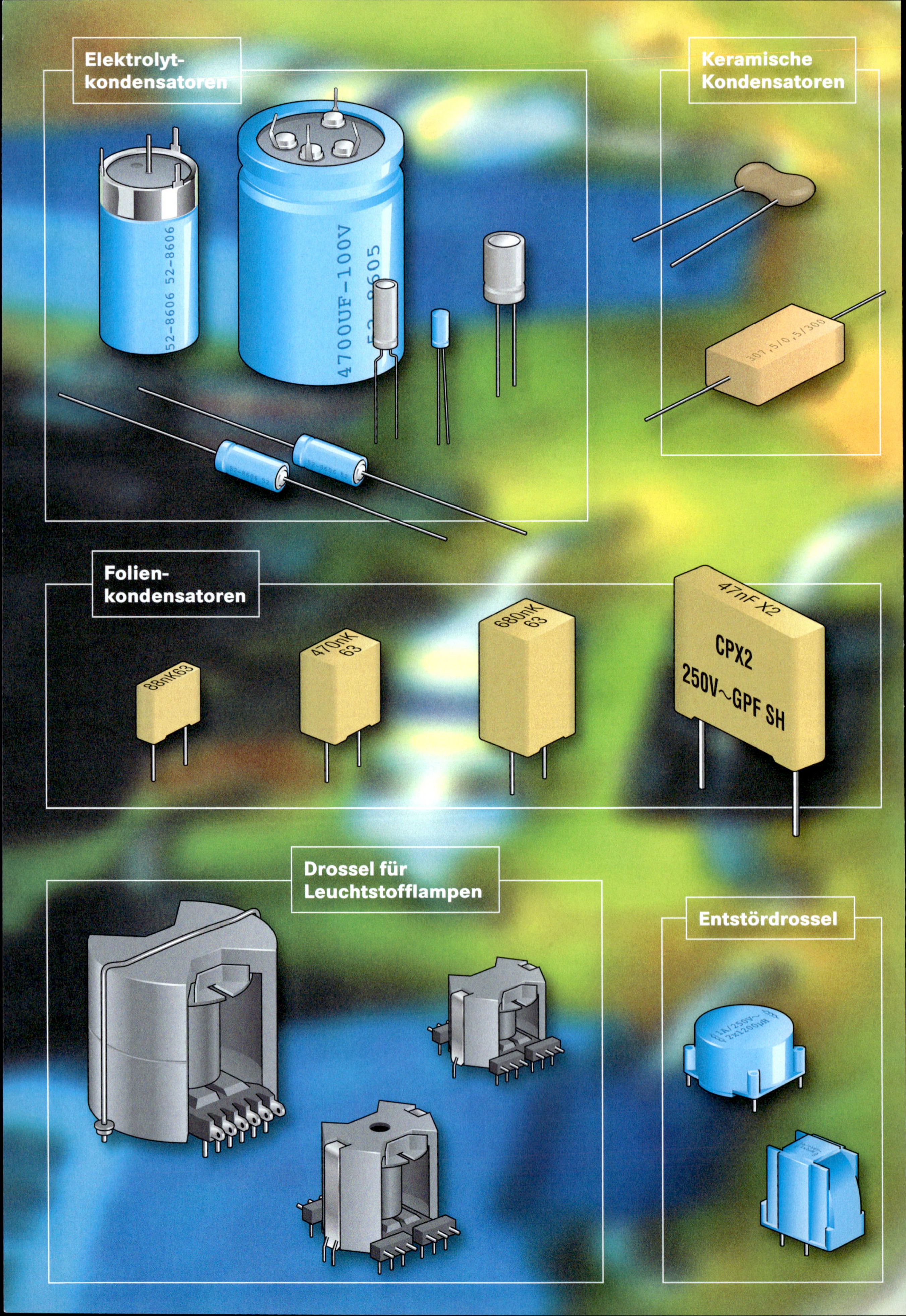

Elektrolyt-kondensatoren

52-8606 52-8606

4700UF–100V

52-8605

Keramische Kondensatoren

3,07,5/0,5/300

Folien-kondensatoren

88nK63

470nK 63

680nK 63

47nF X2

CPX2

250V~GPF SH

Drossel für Leuchtstofflampen

Entstördrossel

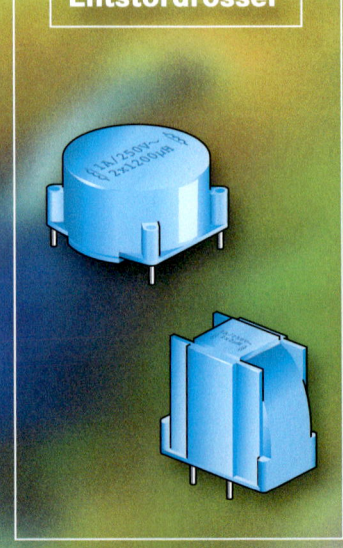

4 Spulen und Kondensatoren

4.1 Spulen in Leuchtstofflampen-Schaltungen

In Abb. 1 ist der Stromlaufplan für eine Leuchtstofflampen-Schaltung zu sehen. In Reihe mit der Leuchtröhre liegt eine Spule ①, die aus einer Kupferwicklung mit Eisenkern besteht (**Vorschaltgerät**). Zusätzlich ist parallel zur Leuchtröhre ein Starter ② mit Entstörkondensator eingebaut.

Welche Aufgabe hat die Spule?

Wenn eine Leuchtstofflampe eingeschaltet wird, beginnt sie nicht wie eine Glühlampe sofort zu leuchten. Bis sie ständig leuchtet, sind ein oder mehrere Zündvorgänge erforderlich. Wir unterscheiden deshalb den

- Einschaltvorgang und den
- Betriebszustand der Lampe.

Einschaltvorgang

Die Betriebswechselspannung von 230 V reicht nicht aus, um das Gas in der Röhre leitfähig zu machen. Es wirkt unter diesen Bedingungen noch wie ein Isolator. Die Spannung reicht aber aus, um das Gas im Starter zwischen den dicht gegenüberliegenden Elektroden zu zünden.

Der Starter ist im Prinzip wie eine Glimmlampe aufgebaut:

- Zündspannung etwa 100 V,
- Elektroden aus Bimetallkontakten, die sich bei Erwärmung biegen.

Glimmstrecke

Starter

Beim Einschalten ergibt sich folgender Ablauf:

- Schalter (Abb. 1) wird betätigt:
  Die Betriebsspannung liegt an der Röhre und an den Elektroden des Starters (Parallelschaltung). Es fließt aber noch kein Strom durch die Leuchtröhre.
- Starter „zündet":
  Es fließt ein geringer Strom durch die Spule und über die Glimmstrecke des Starters (großer Widerstand). Seine Elektroden erwärmen sich.
- Elektroden berühren sich (Bimetall):
  Es fließt ein großer Strom durch die Spule, der ein Magnetfeld erzeugt.
- Der Strom fließt jetzt im Starter über die Kontaktflächen und nicht mehr durch das Gas des Starters.
- Starterelektroden kühlen sich wieder ab und die Kontakte öffnen. Der Stromfluss durch die Spule wird unterbrochen.
- Das aufgebaute Magnetfeld in der Spule „bricht zusammen".

An der Spule entsteht eine hohe Induktionsspannung (vgl. Kap. 3.1.2). Das Gas in der Leuchtröhre wird leitend. Die Lampe leuchtet.

Betriebszustand

Wenn das Gas in der Leuchtröhre leitend geworden ist, liegt an ihr eine Spannung von etwa 70 V bis 90 V. Sie ist kleiner als die Zündspannung des Starters. Deshalb fließt über ihn kein Strom mehr. Die Elektroden bleiben geöffnet. Die Spule und die Leuchtröhre liegen jetzt in Reihe an der Betriebsspannung von 230 V.

Die Spule wirkt im Betriebszustand wie ein Vorwiderstand. Sie begrenzt den Stromfluss, der ohne sie zur Zerstörung der Leuchtröhre führen würde (lawinenartig anwachsende Zahl von Ladungsträgern). Deshalb wird für diese Spule auch die Bezeichnung **Drosselspule** (**Drossel**) verwendet.

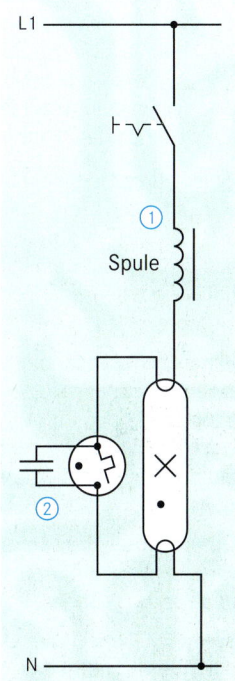

1: Leuchtstofflampen-Schaltung

- Eine Leuchtstofflampen-Schaltung besteht mindestens aus der Leuchtstofflampe, der Drossel und dem Starter.

- An der Spule der Leuchtstofflampen-Schaltung entsteht durch Öffnen der Starterkontakte eine hohe Induktionsspannung.

- Im Betriebszustand arbeitet die Spule in der Leuchtstofflampen-Schaltung wie ein Vorwiderstand zur Strombegrenzung.

Aufgaben

1. Beschreiben Sie die Auswirkungen auf eine Leuchtstofflampen-Schaltung, wenn sich die Kontakte des Starters schließen aber durch einen Defekt nicht mehr öffnen!

2. Im Prinzip könnte der Starter durch einen Taster ersetzt werden. Beschreiben Sie die möglichen Auswirkungen!

Ausschalten von Spulen

Um eine Leuchtstofflampe zu zünden sind oft mehrere Unterbrechungen des Stromes mit Hilfe des Starters erforderlich. Dieses liegt unter anderem daran, dass die Unterbrechung auf Grund der sich ständig ändernden Netz-Wechselspannung zu einem „ungünstigen" Zeitpunkt erfolgt (z.B. in der Nähe des Nulldurchganges). Wir ersetzen deshalb in einem Versuch die Wechselspannung durch eine Gleichspannung und untersuchen dabei das Ausschaltverhalten einer Spule.

Zielsetzung: Durch einen Versuch soll gezeigt werden, dass bei der Unterbrechung des Stromflusses eine sehr hohe Induktionsspannung entsteht.

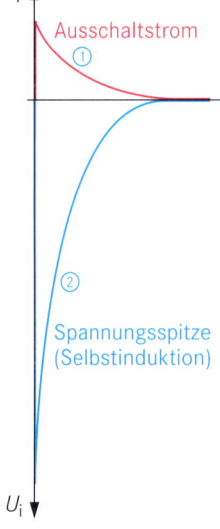

Planung: Als Spannung wird eine Gleichspannung von 12 V verwendet. Zur Anzeige verwenden wir eine Glimmlampe mit einer Zündspannung von etwa 100 V.

Durchführung: Der Schalter wird geschlossen (Abb. 1) und wieder geöffnet.

Ergebnis: Beim Öffnen des Schalters leuchtet die Glimmlampe kurzzeitig auf.

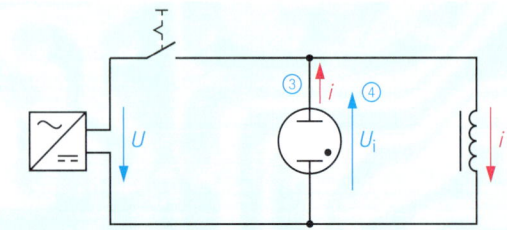

1: Ausschaltvorgang bei einer Spule
   (Schalter erst geschlossen, dann geöffnet)

Erklärung:

Auch dieses Ergebnis lässt sich mit Hilfe der Induktionsspannung erklären. Beim Ausschalten ändert sich die Stromstärke i ① in einer sehr kurzen Zeit. Das Magnetfeld „bricht" rasch zusammen (Δt ist klein). An der Spule entsteht die hohe Induktionsspannung U_i (**Selbstinduktionsspannung**) ②.
Da die Glimmlampe noch kurzzeitig nach dem Abschalten der Spannungsquelle leuchtete, ist durch sie weiterhin Strom geflossen. Die Spule arbeitete wie eine Spannungsquelle mit der Induktionsspannung U_i. Der Strom nimmt zwar ab, er fließt aber immer noch in dieselbe Richtung durch die Lampe ③. Wenn wir jetzt die Richtung der Induktionsspannung U_i mit der Richtung der angelegten Gleichspannung U vergleichen, stellen wir für U_i eine umgekehrte Richtung fest ④.

Einschalten von Spulen

Das Verhalten einer Spule beim Einschalten blieb bisher unberücksichtigt. Eine Klärung bringt der folgende Versuch.

Zielsetzung:
Das Strom- und Spannungsverhalten einer Spule soll im Gleichstromkreis nach dem Einschalten ermittelt werden.
Planung:
Um den Unterschied zwischen einem Stromkreis mit und ohne Spule zu verdeutlichen verwenden wir die Parallelschaltung in Abb. 2. Zur Anzeige des Stromflusses verwenden wir zwei gleiche Glühlampen. Der Einstellwiderstand wird vorher bei geschlossenem Schalter so verändert, dass beide Lampen gleich hell leuchten (gleiche Widerstände in jedem Zweig).
Durchführung:
Der Schalter wird geschlossen und das Verhalten der Lampen beobachtet.
Ergebnis:
Die Lampe E1 im Spulenstromkreis leuchtet nach dem Schließen des Schalters verzögert auf und erreicht erst allmählich ihre maximale Helligkeit.

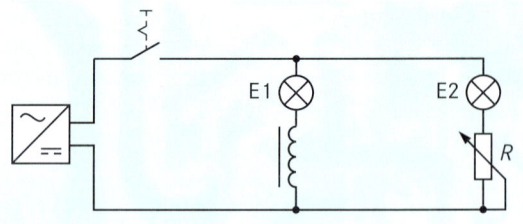

2: Einschaltvorgang bei einer Spule

Erklärung:
Die allmählich ansteigende Helligkeit der Lampe E1 im Stromkreis mit der Spule kann nur mit einem langsamen Ansteigen der Stromstärke erklärt werden. Da die Betriebsspannung aber sofort anlag, muss ihre Wirkung durch eine Selbstinduktionsspannung behindert worden sein (Gegenspannung). Die Behinderung war am Anfang groß und am Ende null. Die Selbstinduktionsspannung beim Einschalten ist demnach so gerichtet, dass sie der angelegten Spannung entgegen wirkt (Lenzsche Regel).

- Wenn bei einer Spule im Gleichstromkreis der Strom unterbrochen wird, entstehen hohe Spannungsspitzen.

- Beim Ausschalten einer Spule im Gleichstromkreis hat die Selbstinduktionsspannung im Vergleich zur ursprünglich angelegten Spannung eine umgekehrte Richtung.

- Beim Einschalten einer Spule im Gleichstromkreis steigt durch die Selbstinduktionsspannung die Stromstärke allmählich an.

Welchen Einfluss haben die Baugrößen der Spule auf die Selbstinduktionsspannung?

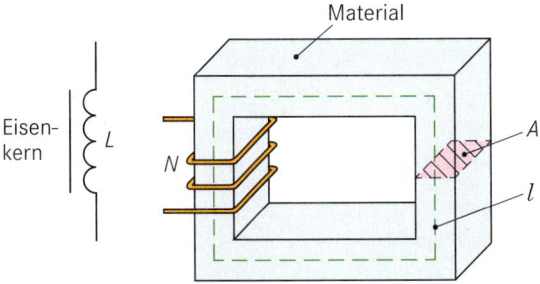

3: Baugrößen einer Spule

Zur Klärung der Abhängigkeiten erinnern wir uns: Wenn sich der magnetische Fluss Φ (Magnetfeld) in der Spule rasch ändert, ist die Selbstinduktionsspannung U_i groß. Es gelten deshalb die folgenden Abhängigkeiten:

Windungszahl N
Je größer die Windungszahl, desto größer wird der magnetische Fluss sein.
$$N \uparrow \Rightarrow \Phi \uparrow \Rightarrow U_i \uparrow$$
Genaue Untersuchungen zeigen eine quadratische Abhängigkeit ($U_i \sim N^2$).

Querschnitt A
Je größer der Querschnitt der Spule, durch den die Feldlinien hindurch treten, desto größer wird der magnetische Fluss sein.
$$A \uparrow \Rightarrow \Phi \uparrow \Rightarrow U_i \uparrow$$

Feldlinienlänge l
Je länger die Feldlinien, desto geringer wird der magnetische Fluss sein (größere Behinderung).
$$l \uparrow \Rightarrow \Phi \downarrow \Rightarrow U_i \downarrow$$

Material
Die magnetischen Eigenschaften des Kernmaterials werden durch zwei Größen gekennzeichnet.
μ_0: Magnetische Feldkonstante (Luft bzw. Vakuum)
μ_r: Permeabilitätszahl (Materie: Eisen, Ferrit, Luft,...)
    Beide werden oft zusammengefasst zu:
μ : Permeabilität ($\mu = \mu_0 \cdot \mu_r$)

$$\mu \uparrow \Rightarrow \Phi \uparrow \Rightarrow U_i \uparrow$$

Alle vier Baugrößen werden zu einer Größe zusammengefasst. Sie wird als **Induktivität L** bezeichnet. Als Einheit ist das **Henry**[1] (Formelzeichen H) festgelegt worden.

$$1\,H = \frac{1\,Vs}{1\,A}$$

[1] Benannt nach Joseph Henry, amerikanischer Physiker, 1797 - 1878

Induktivität

Windungszahl:	N
Querschnitt:	A
Feldlinienlänge:	l
Permeabilitätszahl:	μ_r
Magnetische Feldkonstante:	μ_0

$$L = \frac{\mu_0 \cdot \mu_r \cdot N^2 \cdot A}{l}$$

$$\mu_0 = 1{,}257 \cdot 10^{-6}\, \frac{V \cdot s}{A \cdot m}$$

Einfluss des Kernmaterials

Zur Erhöhung des magnetischen Flusses (magnetische Wirkung) in Spulen werden als Kerne Eisenlegierungen oder Ferrite (Eisenoxide) verwendet. Den Zusammenhang zwischen dem magnetischen Fluss und der Stromstärke verdeutlicht Abb. 4. Bei geringen Stromstärken steigt der magnetische Fluss zunächst steil an ①. Danach verläuft die Kurve geradlinig ②. Trotz Erhöhung der Stromstärke kommt es nur zu geringen Vergrößerungen des Flusses („Sättigung"). Woran liegt das?

Erklären lässt sich dieses Verhalten durch die im Eisen vorhandenen **Elementarmagnete**. Im Normalzustand sind sie ungeordnet und heben sich in ihrer Wirkung gegenseitig auf. Durch das Magnetfeld (Φ) der stromdurchflossenen (I) Spule werden sie ausgerichtet und erhöhen dadurch die Wirksamkeit der Spule. Im Bereich der Sättigung sind alle Elementarmagnete ausgerichtet ③.

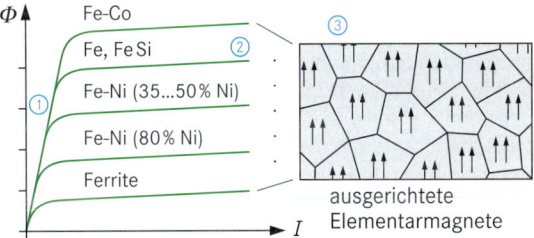

4: Magnetisierungskennlinien

- Die Induktivität L der Spule beeinflusst die Größe der Selbstinduktionsspannung.

- Die Induktivität L der Spule hängt von den Baugrößen der Spule ab. Die Einheit ist Henry (H).

- Das Kernmaterial von Spulen zeigt ein nichtlineares Verhalten.

Aufgaben

1. Ein Relais wird in einem Gleichstromkreis betrieben. Gegen welche Gefahren muss das Relais geschützt werden?

2. Beschreiben Sie das Widerstandsverhalten einer Spule nach dem Einschalten im Gleichstromkreis!

4.2 Widerstand der Spule

Wir wollen jetzt das Widerstandsverhalten einer Spule genauer untersuchen und vermuten, dass sich Spulen im Wechselstromkreis auf Grund der Selbstinduktion anders verhalten werden als im Gleichstromkreis.

Wir legen deshalb zunächst eine Spule mit N = 1000 an eine Gleichspannung von 20 V und danach an eine Wechselspannung von ebenfalls 20 V. Der Widerstand wird mit Hilfe der gemessenen Stromstärke und der Formel U/I berechnet.

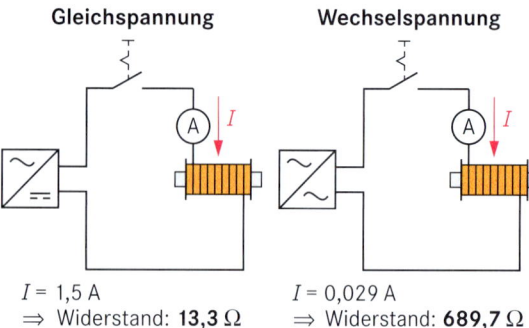

Gleichspannung   **Wechselspannung**

I = 1,5 A I = 0,029 A
$\Rightarrow$ Widerstand: **13,3 Ω** $\Rightarrow$ Widerstand: **689,7 Ω**

Da eine Spule aus einer Kupferwicklung besteht, ist bei Gleichstrom der berechnete Widerstand von R = 13,3 Ω der Widerstand des Kupferleiters (Gleichstromwiderstand). In ihm wird die elektrische Energie in Wärme umgewandelt. Er wird deshalb auch als **Wirkwiderstand R** bezeichnet.

Im Wechselstromkreis ist der Wirkwiderstand R ebenfalls vorhanden (Spule erwärmt sich). Hinzugekommen ist ein weiterer Widerstand, der nur durch die Wechselspannung hervorgerufen wird. Er wird als **Blindwiderstand X_L** (induktiver Blindwiderstand) bezeichnet. Der Widerstand von 689,7 Ω besteht also aus diesen beiden Anteilen (Abb. 1). Der gesamte Widerstand (scheinbare Widerstand) wird als **Scheinwiderstand Z** bezeichnet.

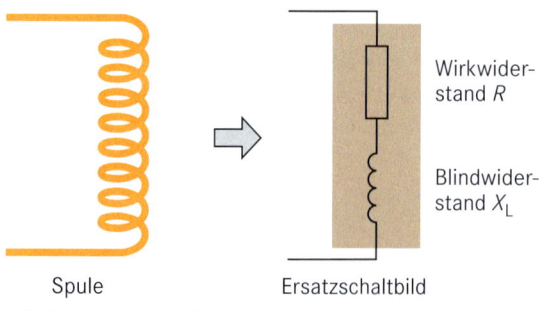

Spule   Ersatzschaltbild

Wirkwider-
stand R

Blindwider-
stand X_L

1: Scheinwiderstand der Spule

- Der Scheinwiderstand Z der Spule setzt sich zusammen aus dem Wirkwiderstand R (Wirkanteil) und dem Blindwiderstand X_L (Blindanteil).

Berechnung des Scheinwiderstandes

Der Scheinwiderstand Z lässt sich aus dem Verhältnis von Spannung und Stromstärke im Wechselstromkreis ermitteln.

$$Z = \frac{U}{I}$$

Wovon ist der Blindwiderstand der Spule abhängig?

Um diese Frage zu beantworten stellen wir folgende Überlegungen an:

Der Blindwiderstand wird durch die sich ständig ändernde Spannung (Wechselspannung) hervorgerufen. Je häufiger diese Änderungen erfolgen, desto größer wird der Einfluss sein. Wir nehmen an:

- Je größer die Frequenz f der Wechselspannung, desto größer ist der Widerstand X_L.

Die Baugrößen der Spule (Eisenkern, Windungszahl, usw.) beeinflussen den Blindwiderstand X_L ebenfalls. Sie sind in der Induktivität L zusammengefasst. Wir vermuten deshalb:

- Je größer die Induktivität L, desto größer der Blindwiderstand X_L.

Die Ergebnisse durch Versuche bestätigen unsere Vermutungen. Es ergeben sich folgende Beziehungen:

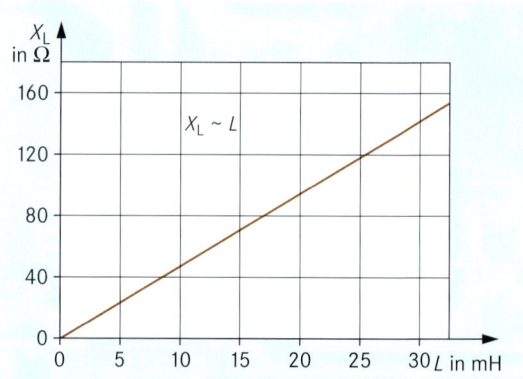

2: Zusammenhang zwischen X_L und L

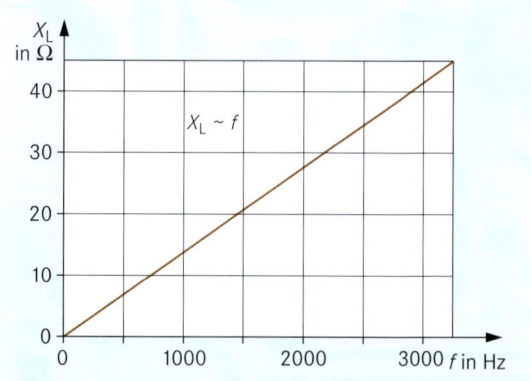

3: Zusammenhang zwischen X_L und f

Formel für den Blindwiderstand der Spule

Die proportionalen Beziehungen lassen sich zusammenfassen:

$$X_L \sim f$$
$$X_L \sim L$$
$$\Rightarrow X_L \sim f \cdot L$$

Damit aus der Proportionalität eine Gleichung entsteht, muss noch eine Konstante hinzugefügt werden. Sie kann mit Hilfe der Mess- und Einstellwerte aus den Diagrammen berechnet werden ($X_L / f \cdot L$). Die Konstante besitzt den Wert 6,3. Dieses entspricht 2π. Die Formel für den **Blindwiderstand der Spule** lautet dann:

$$X_L = 2 \cdot \pi \cdot f \cdot L$$

Die Größen $2\pi f$ werden zusammengefasst und als **Kreisfrequenz** ω bezeichnet.

$$\omega = 2 \cdot \pi \cdot f$$

$$X_L = \omega \cdot L$$

Induktivität

Die Induktivität der Spule im Diagramm auf S. 58 soll berechnet werden.

Geg.: Diagramm   Ges: L

$$X_L = 2 \cdot \pi \cdot f \cdot L$$

$$L = \frac{X_L}{2 \cdot \pi \cdot f}$$

Aus dem Diagramm:
$f = 2{,}5 \text{ kHz} \Rightarrow X_L = 34 \ \Omega$

$$L = \frac{34 \ \Omega}{2 \cdot \pi \cdot 2{,}5 \text{ kHz}}$$

$$\underline{L = 2{,}2 \text{ mH}}$$

- Der Blindwiderstand X_L der Spule steigt proportional mit der Frequenz f und der Induktivität L.

Aufgaben

1. Erklären Sie den Unterschied zwischen einem Wirk- und einem Blindwiderstand!

2. In eine Spule wird ein Eisenkern eingefügt. Was ändert sich am Widerstandsverhalten und was bleibt konstant?

3. Eine Spule hat eine Induktivität von 10 H (Wirkwiderstand vernachlässigbar klein). Wie groß ist die Stromstärke, wenn an der Spule eine Spannung von 230 V mit 50 Hz liegt?

4. An einer Spule liegt eine Wechselspannung von 24 V. Die Stromstärke beträgt 0,4 A. Berechnen Sie den Scheinwiderstand!

4.3 Reihenschaltungen mit Spulen und Wirkwiderständen

Wir beziehen uns nochmals auf die Leuchtstofflampen-Schaltung von S. 55. Weil der Wirkwiderstand der Spule klein gegenüber dem Blindwiderstand ist, kann diese Drossel als idealer Blindwiderstand aufgefasst werden. Es liegen also in Abb. 4 ein Blindwiderstand X_L (Spule) und ein Wirkwiderstand R (leitendes Gas in der Leuchtstoffröhre) in Reihe. Wenn wir an diesen beiden Betriebsmitteln die Spannungen messen, ergeben sich folgende Werte:

$U_L = 220 \text{ V}$ und $U_R = 68 \text{ V}$

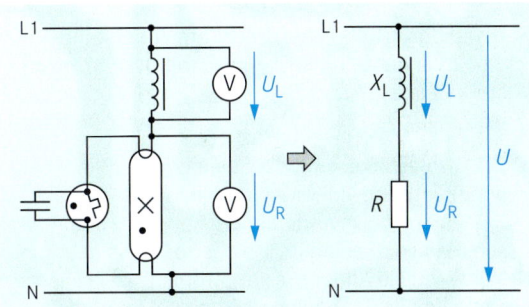

4: Spannungen und Widerstände

Das Ergebnis ist erstaunlich. Wenn wir die beide Spannungen einfach addieren würden, ergäbe sich ein Wert der größer als die Betriebsspannung von 230 V ist. Das kann aber nicht sein! Wir müssen uns deshalb etwas genauer mit den beiden gemessenen Wechselspannungen befassen.

Die verwendeten Drehspulmessgeräte messen immer die jeweiligen Effektivwerte. Sie können nicht den Verlauf der einzelnen Wechselspannungen wiedergeben. Dieses können nur Oszilloskope. Wir bilden deshalb u_L und u_R gemeinsam auf einem Bildschirm ab (Abb. 5).

Ergebnisse:

- Die Spannungen u_L und u_R gehen nicht mehr an derselben Stelle durch null. Sie sind nicht in Phase. Es hat eine **Phasenverschiebung** stattgefunden.
- Die Spannung u_L an der Induktivität erreicht eher ihr Maximum. Sie eilt also der Spannung u_R voraus.

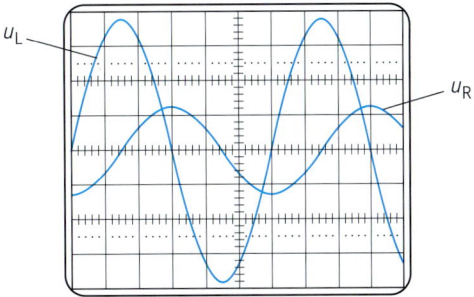

5: Phasenverschobene Spannungen an X_L und R

Spannungen und Stromstärke

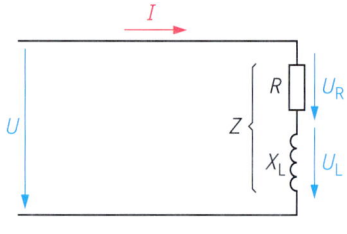

Wir wollen jetzt klären, welche Phasenbeziehungen zwischen den einzelnen Spannungen und der Stromstärke bei der Reihenschaltung aus X_L und R bestehen.

- In einer Reihenschaltung fließt überall derselbe Strom. Die **Stromstärke i** ist also in dieser Schaltung die gemeinsame Größe. In Abb. 1a ist ein angenommener Verlauf dargestellt.

- Diese Stromstärke verursacht am Widerstand R eine **Spannung u_R**, die in Phase mit der Stromstärke i ist (vgl. Kap. 3.1.4).
  Wirkspannung: $u_R = i \cdot R$ bzw. $U_R = I \cdot R$

- Die Stromstärke i und die **Spannung u_L** (Blindspannung) am Blindwiderstand X_L sind nicht in Phase. Dieses Ergebnis wurde bereits beim Ein- und Ausschalten von Spulen im Gleichstromkreis deutlich. Nur wenn die Änderung der Stromstärke groß war, war auch die Spannung groß und umgekehrt.

  Das Oszillogramm in Abb. 5 auf S. 59 zeigt uns die genaue Phasenverschiebung im Wechselstromkreis. Die abgebildete Spannung u_R ist phasengleich mit der Stromstärke i. Somit ist bei einem induktiven Blindwiderstand ein **Phasenverschiebungswinkel** φ zwischen Spannung u_L und Stromstärke i von 90° vorhanden (Abb. 1c).
  Blindspannung: $u_L = i \cdot X_L$ bzw. $U_L = I \cdot X_L$

- Die **Gesamtspannung u** lässt sich durch Addition der jeweiligen Momentanwerte aus den beiden Teilspannungen u_R und u_L ermitteln. Es ist die anliegende Gesamtspannung u.

Die einzelnen Größen lassen sich auch durch Zeiger darstellen. Sie sind in Abb. 1 neben den Liniendiagrammen zu sehen ①. Der Phasenverschiebungswinkel macht deutlich, dass am Wirkwiderstand R zwischen der Stromstärke i und der anliegenden Spannung u eine Phasenverschiebung von weniger als 90° besteht ②.

- Bei einem induktiven Blindwiderstand X_L eilt die Spannung der Stromstärke um 90° voraus (Phasenverschiebungswinkel $\varphi = 90°$).

- In der Reihenschaltung aus R und X_L besteht zwischen U_R und U_L eine Phasenverschiebung von $\varphi = 90°$.

- In einer Reihenschaltung aus R und X_L ergibt sich zwischen Stromstärke und Gesamtspannung ein Phasenverschiebungswinkel φ von weniger als 90° ($\varphi < 90°$).

Verwendete Formelzeichen:

Großbuchstaben: Effektivwerte in Schaltungen, Formeln (I, U)
Kleinbuchstaben: Momentanwerte in Liniendiagrammen (i, u)

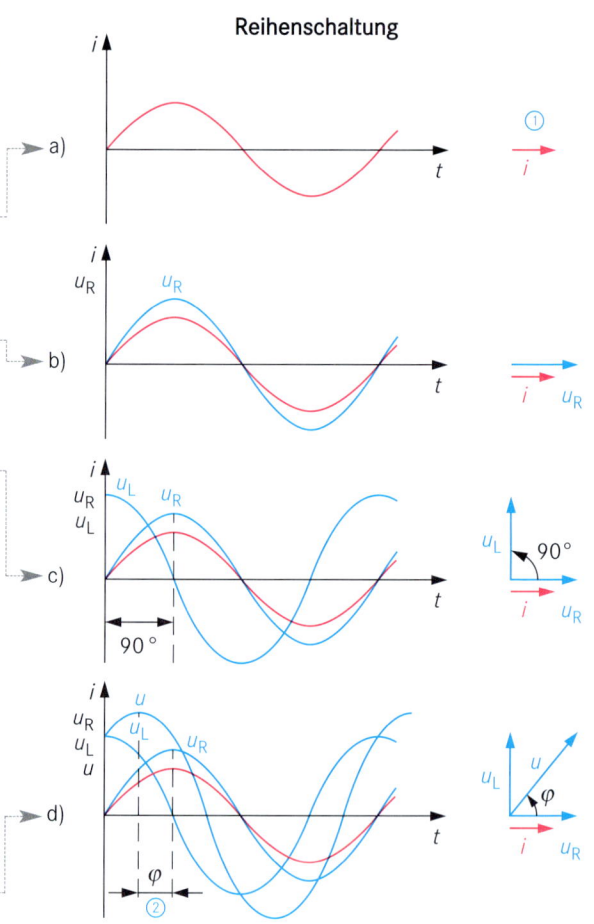

1: Linien- und Zeigerdiagramme

Wie lässt sich die Gesamtspannung aus den Einzelspannungen errechnen?

Das Zeigerdiagramm in Abb. 1d muss dazu in ein Dreieck umgezeichnet werden (Abb. 2, S. 61).
Wir verschieben die Blindspannung U_L parallel. Es entsteht jetzt ein rechtwinkliges Dreieck mit den Seiten der Teilspannungen U_L, U_R und der Gesamtspannung U.

Zur Berechnung rechtwinkliger Dreiecke verwenden wir den Lehrsatz des **Pythagoras:**
Das Quadrat über der Hypotenuse (U^2) ist gleich der Summe der Quadrate über den Katheten (U_L^2 und U_R^2). Es ergibt sich folgende Formel:

$$U^2 = U_R^2 + U_L^2$$

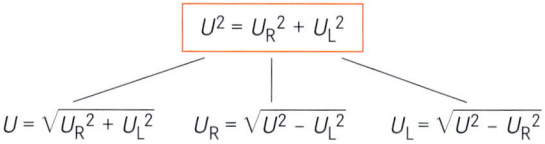

$$U = \sqrt{U_R^2 + U_L^2} \qquad U_R = \sqrt{U^2 - U_L^2} \qquad U_L = \sqrt{U^2 - U_R^2}$$

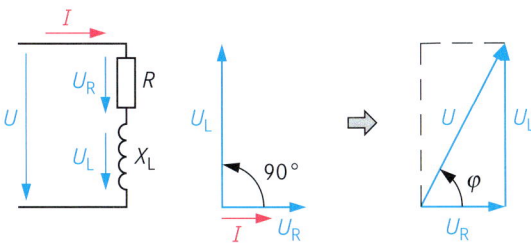

2: Zeigerdiagramm und Spannungsdreieck

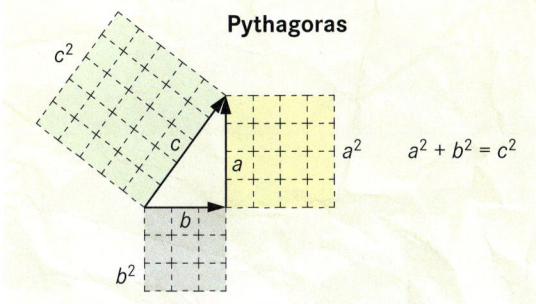

Mit Hilfe von Winkelfunktionen (vgl. Kap. 3.1.5) kann der **Phasenverschiebungswinkel** φ ermittelt werden. Wir erinnern uns:

Winkelfunktionen sind in einem rechtwinkligen Dreieck Verhältnisse von zwei Seiten.

$$\cos \varphi = \frac{U_R}{U} \qquad \sin \varphi = \frac{U_L}{U} \qquad \tan \varphi = \frac{U_L}{U_R}$$

Spannungen und Phasenverschiebung

Eine Spule mit vernachlässigbar kleinem Wirkwiderstand besitzt einen Blindwiderstand von 40 Ω. In Reihe liegt ein Wirkwiderstand von 20 Ω. Bei einer angelegten Spannung von 230 V beträgt die Stromstärke 5,15 A. Wie groß sind der Scheinwiderstand, die Einzelspannungen und der Phasenverschiebungswinkel?

Geg.: X_L = 40 Ω; R = 20 Ω; U = 230 V; I = 5,15 A
Ges.: Z, U_R, U_L und cos φ.

$$Z = \frac{U}{I} \qquad Z = \frac{230\ V}{5,15\ A} \qquad \underline{Z = 44,7\ \Omega}$$

$$U_R = I \cdot R \qquad U_R = 5,15\ A \cdot 20\ \Omega \qquad \underline{U_R = 103\ V}$$

$$U_L = I \cdot X_L \qquad U_L = 5,15\ A \cdot 40\ \Omega \qquad \underline{U_L = 206\ V}$$

$$\cos \varphi = \frac{U_R}{U} \qquad \cos \varphi = \frac{103\ V}{230\ V} \qquad \underline{\cos \varphi = 0,448}$$

Um den Winkel aus dem cos-Wert zu berechnen, muss auf dem Taschenrechner die INV - oder COS⁻¹-Taste benutzt werden.

Widerstände

Das Berechnungsbeispiel zeigt, dass zur Berechnung der Spannungen die Widerstände mit der gleich bleibenden Stromstärke multipliziert werden mussten. Bestimmend für die Länge der Pfeile im Spannungsdreieck ist also die konstante Größe I und der jeweilige Widerstand R, X_L oder Z. Die Spannungen und die dazugehörigen Widerstände sind proportional.

Es kann deshalb mit den Widerstandswerten das folgende rechtwinklige Dreieck (**Widerstandsdreieck**) gezeichnet werden:

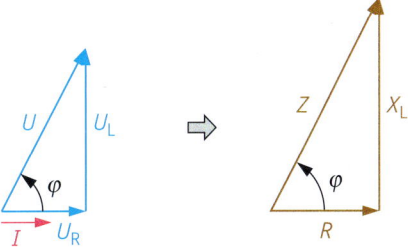

3: Widerstandsdreieck mit R und X_L

Wenn wir den Lehrsatz des Pythagoras und die Winkelfunktionen auf das Widerstandsdreieck anwenden, ergeben sich folgende Formeln zur Berechnung:

$$Z^2 = R^2 + X_L{}^2$$

$$Z = \sqrt{R^2 + X_L{}^2} \qquad R = \sqrt{Z^2 - X_L{}^2} \qquad X_L = \sqrt{Z^2 - R^2}$$

$$\cos \varphi = \frac{R}{Z} \qquad \sin \varphi = \frac{X_L}{Z} \qquad \tan \varphi = \frac{X_L}{R}$$

Scheinwiderstand und Phasenverschiebung

Gesucht sind der Scheinwiderstand und der Phasenverschiebungswinkel bei einer Reihenschaltung aus einem Blindwiderstand von 40 Ω mit einem Wirkwiderstand von 20 Ω.

Geg.: X_L = 40 Ω; R = 20 Ω
Ges.: Z und φ

$$Z = \sqrt{R^2 + X_L{}^2} \qquad Z = \sqrt{400\ \Omega^2 + 1600\ \Omega^2}$$
$$\underline{Z = 44,7\ \Omega}$$

$$\tan \varphi = \frac{X_L}{R} \quad \tan \varphi = \frac{40\ \Omega}{20\ \Omega} \quad \tan \varphi = 2 \quad \underline{\varphi = 63,4°}$$

- In Reihenschaltungen aus Blindwiderständen und Wirkwiderständen ist die Stromstärke die gemeinsame Größe (Bezugsgröße).

- Zur Berechnung von Größen in Reihenschaltungen aus Blindwiderständen und Wirkwiderständen werden der Satz des Pythagoras und die Winkelfunktionen verwendet.

Leistungen

In der Elektrotechnik wird der Leistungsbegriff verwendet um Bauteile, Geräte und Anlagen zu kennzeichnen bzw. unterscheiden zu können. Wir wollen deshalb die Leistung der Leuchtstofflampen-Schaltung untersuchen.

Die Leistung ist das Produkt aus Stromstärke und Spannung. In der Leuchtstofflampen-Schaltung (Reihenschaltung) kommen drei Spannungen und eine Stromstärke vor. Die Stromstärke haben wir mit $I = 0,147$ A ermittelt (Abb. 1a).

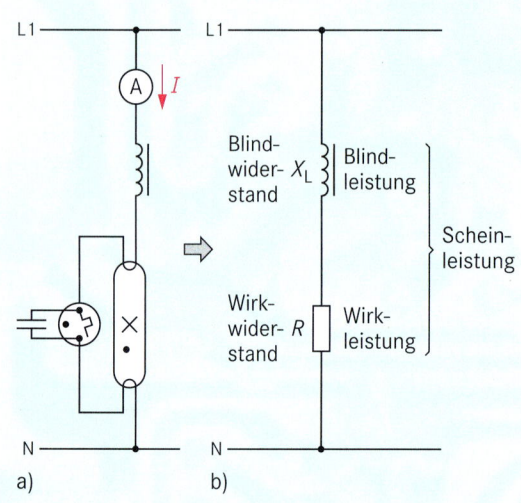

1: Leistungen in der Leuchtstofflampen-Schaltung

In der Leuchtstofflampe wird elektrische Energie in Licht und Wärme umgewandelt. Der Widerstand wird deshalb auch als Wirkwiderstand R bezeichnet. Die dazugehörige Leistung ist dann die **Wirkleistung P**. Sie wird in Watt (W) angegeben (Werte auf S. 59).

$$P = U_R \cdot I$$ $P = 68$ V $\cdot$ $0,147$ A $\underline{P = 10\ \text{W}}$

Auch mit der insgesamt am Scheinwiderstand Z anliegenden Spannung U und der Stromstärke I kann eine Leistung angegeben werden. Es ist dieses die **Scheinleistung S**. Als Einheit wird **VA** verwendet (**V**olt **A**mpere).

$$S = U \cdot I$$ $S = 230$ V $\cdot$ $0,147$ A $\underline{S = 33,8\ \text{VA}}$

Die Spule in der Leuchtstofflampen-Schaltung haben wir als reinen Blindwiderstand X_L betrachtet. An ihm liegt die Spannung U_L. Auch hier kann die Leistung als Produkt von Spannung und Stromstärke angegeben werden. Sie wird als **Blindleistung Q** bezeichnet. Als Einheitenzeichen wird **var** verwendet (**V**olt **A**mpere **r**eaktiv).

$$Q = U_L \cdot I$$ $Q = 220$ V $\cdot$ $0,147$ A $\underline{Q = 32,3\ \text{var}}$

Worin unterscheiden sich Wirk-, Blind- und Scheinleistung?

In einem Wirkwiderstand wird elektrische Energie in Wärme umgewandelt. Auch wenn sich die Spannungsrichtung ändert, wird Wärme erzeugt. Spannung und Stromstärke sind immer in Phase (Abb. 2). Der Leistungsverlauf ist stets positiv.

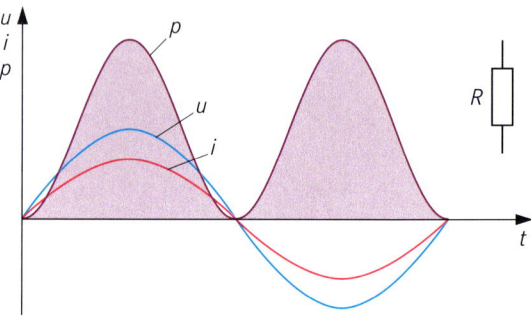

2: Wirkleistungskurve

Anders sind die Verhältnisse bei einem Blindwiderstand. Bei ihm besteht zwischen Spannung und Stromstärke eine Phasenverschiebung von 90°. Wenn wir für jeden Augenblick die Leistung ermitteln (Abb. 3), entsteht eine Kurve mit gleichvielen positiven und negativen Anteilen. Was bedeutet dieses?

Die elektrische Energie wird zunächst zum Aufbau des magnetischen Feldes in der Spule verwendet. Beim Abbau wird diese Energie wieder zurückgegeben, sodass insgesamt keine Energie in Wärme umgewandelt wird (**Blindleistung**).

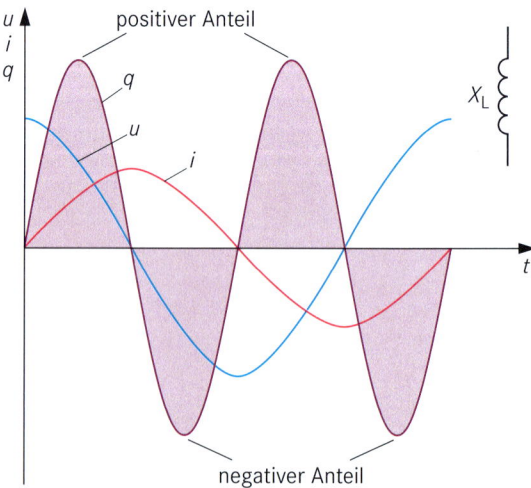

3: Blindleistungskurve

- Die Scheinleistung setzt sich aus Wirk- und Blindleistung zusammen.

- In einem Blindwiderstand wird keine elektrische Energie in Wärme umgewandelt.

Leistungsdreieck

Wie bei Spannungen und Widerständen darf auch bei der Leistung nicht die Gesamtleistung (Scheinleistung) durch Addition der Einzelleistungen ermittelt werden. Die Phasenverschiebung zwischen Stromstärke und Spannung muss beachtet werden.

Wir gehen vom Spannungsdreieck aus, in dem die Phasenverschiebung zwischen den Größen bereits berücksichtigt worden ist. Die Leistungen unterscheiden sich von den jeweiligen Spannungen nur durch die Stromstärke (konstante Größe, $P = U \cdot I$). Für die Leistungen kann deshalb ein dem Spannungsdreieck ähnliches Leistungsdreieck gezeichnet werden (Abb. 4).

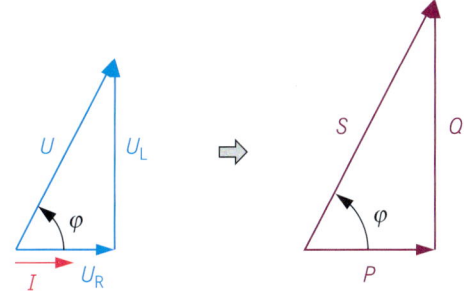

4: Leistungsdreieck

Mit dem Leistungsdreieck lassen sich folgende Berechnungsformeln aufstellen:

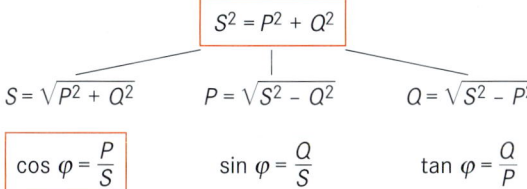

$$S^2 = P^2 + Q^2$$

$$S = \sqrt{P^2 + Q^2} \qquad P = \sqrt{S^2 - Q^2} \qquad Q = \sqrt{S^2 - P^2}$$

$$\cos\varphi = \frac{P}{S} \qquad \sin\varphi = \frac{Q}{S} \qquad \tan\varphi = \frac{Q}{P}$$

Der **cos φ** (auch Formelzeichen λ) hat in der Energietechnik eine besondere Bedeutung. Er ist das Verhältnis von Wirkleistung zu Scheinleistung. Er gibt also an, wieviel von der Scheinleistung in Wirkleistung umgesetzt wird. Er heißt deshalb auch Leistungsfaktor oder **Wirkleistungsfaktor.** Er kann Werte zwischen 0 und 1 annehmen.

Daneben gibt es den **Blindleistungsfaktor sin φ**. Er ist das Verhältnis von Blindleistung zu Scheinleistung.

> - Die Spannungs-, Widerstands- und Leistungsdreiecke der Reihenschaltung aus R und X_L sind ähnlich (Phasenverschiebungswinkel φ ist überall gleich groß).
>
> - Der Leistungsfaktor gibt an, welcher Anteil der Scheinleistung in Wirkleistung umgesetzt wird. Sein Wert liegt zwischen 0 und 1.

Aufgaben

1. In einer Reihenschaltung aus R und X_L werden folgende Spannungen gemessen:
U_R = 4 V; U_L = 3 V
a) Zeichnen Sie das Liniendiagramm für zwei Perioden!
b) Zeichnen Sie in a) den Verlauf der Gesamtspannung ein und ermitteln Sie den Maximalwert!

2. Ermitteln Sie mit Hilfe eines Zeigerdiagramms den Phasenverschiebungswinkel zwischen der angelegten Spannung und der Stromstärke bei einer Reihenschaltung aus R und X_L!
Folgende Spannungen wurden gemessen:
U_R = 140 V; U_L = 170 V

3. Eine Reihenschaltung aus R und X_L besitzt bei f = 1 kHz einen Scheinwiderstand von 1,7 kΩ. Der Wirkwiderstand hat einen Wert von 1,2 kΩ. Die Gesamtspannung beträgt 5,8 V.
Berechnen Sie X_L, L, U_L, U_R und φ!

4. Eine Spule besitzt einen Scheinwiderstand von 1,2 kΩ und einen Wirkwiderstand von 820 Ω.
a) Wie groß ist der Wirkleistungsfaktor?
b) Wie groß ist die Wirkleistung bei einer Stromstärke von 0,3 A?

5. Durch eine Leuchtstofflampen-Schaltung fließt bei 230 V Netzwechselspannung ein Strom von 0,7 A. Die insgesamt gemessene Wirkleistung beträgt 80 W. Wie groß sind:
a) Scheinleistung,
b) Blindleistung und der
c) Leistungsfaktor?

6. Bei einer Reihenschaltung aus R und X_L beträgt der Phasenverschiebungswinkel 45°.
a) Wie groß ist der Leistungsfaktor?
b) Welche Beziehung besteht bei diesen Werten zwischen den einzelnen Widerständen?

7. Eine Reihenschaltung aus R und X_L liegt an einer konstanten Spannung.
a) Der Wirkwiderstand wird vergrößert.
b) Der Blindwiderstand wird vergrößert.
Wie verändern sich die Stromstärke, die Teilspannungen, die Leistungen und der Phasenverschiebungswinkel (größer bzw. kleiner angeben)?

8. Die Abb. zeigt eine Messschaltung mit einer verlustbehafteten Spule. Berechnen Sie aus den Messwerten die Induktivität der Spule!

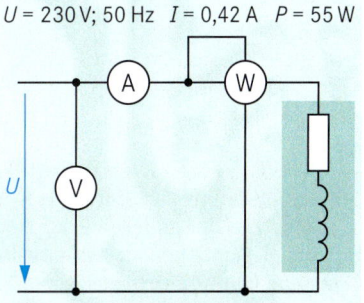

U = 230 V; 50 Hz　I = 0,42 A　P = 55 W

4.4 Parallelschaltung mit Spulen und Wirkwiderständen

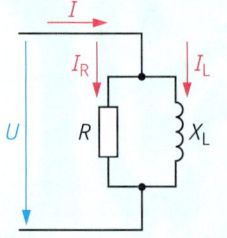

An beiden Bauteilen liegt die Spannung U. Die Ströme teilen sich auf. Mit Hilfe von Linien- und Zeigerdiagrammen sollen die Beziehungen zwischen diesen Größen erarbeitet werden.

Stromstärken und Spannung

- Die gemeinsame Größe ist die Spannung u (Bezugsgröße, Abb. 2a).
- Die Stromstärke i_R durch den Wirkwiderstand R ist in Phase mit der Spannung u (Abb. 2b).
- Die Stromstärke i_L durch den Blindwiderstand X_L eilt der anliegenden Spannung u um 90° nach ($\varphi = 90°$, Abb. 2c).
- Die Gesamtstromstärke i ergibt sich aus der Addition der Momentanwerte i_R und i_L (Abb. 2d). Der Phasenverschiebungswinkel φ ist kleiner als 90°.

In dieser Parallelschaltung gibt es drei Stromstärken. Es lässt sich deshalb das folgende rechtwinklige Dreieck (Abb. 1) zeichnen:

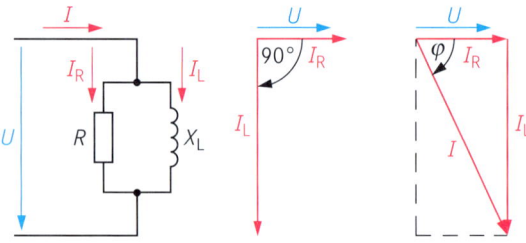

1: Zeigerdiagramme und Stromstärkendreieck

Unter Verwendung des Lehrsatzes des Pythagoras und der Winkelfunktionen ergeben sich folgende Berechnungsformeln:

$$I^2 = I_R{}^2 + I_L{}^2$$

$$I = \sqrt{I_R{}^2 + I_L{}^2} \qquad I_R = \sqrt{I^2 - I_L{}^2} \qquad I_L = \sqrt{I^2 - I_L{}^2}$$

$$\cos\varphi = \frac{I_R}{I} \qquad \sin\varphi = \frac{I_L}{I} \qquad \tan\varphi = \frac{I_L}{I_R}$$

- In der Parallelschaltung aus X_L und R ist die Spannung U die gemeinsame Größe (Bezugsgröße).
- In der Parallelschaltung aus X_L und R entsteht zwischen der anliegenden Spannung U und der Gesamtstromstärke I eine Phasenverschiebung von weniger als 90°.

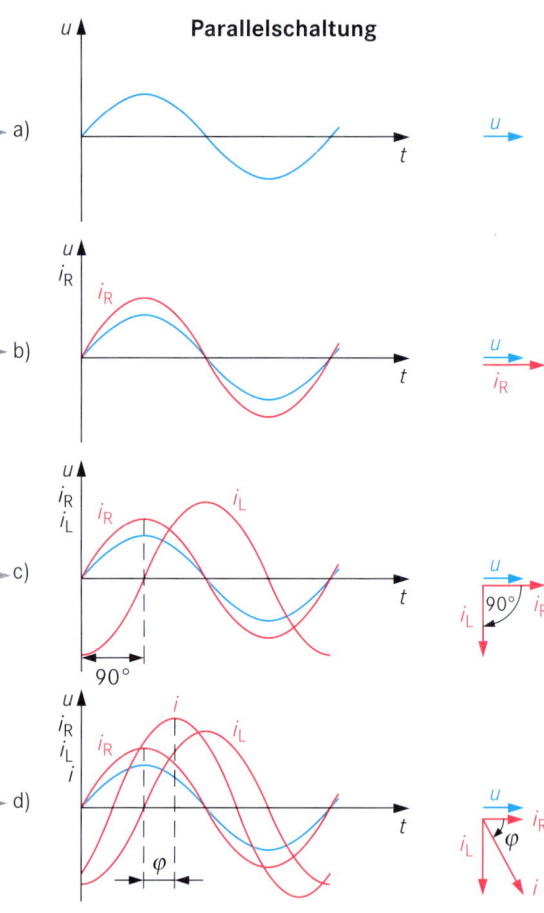

Parallelschaltung

2: Linien- und Zeigerdiagramme

Ersatzschaltbild

Ein elektrisches Gerät wird mit 24 V betrieben. Die Stromstärke beträgt $I = 68$ mA. Stromstärke und Spannung sind nicht in Phase. Die Spannung eilt der Stromstärke um $\varphi = 36{,}7°$ voraus (Messung mit dem Oszilloskop).
Es sollen der Scheinwiderstand für ein Ersatzschaltbild (Parallelschaltung) sowie die Stromstärken berechnet werden.

Geg.: $U = 24$ V; $I = 68$ mA, $\varphi = 36{,}7°$
Ges: Z, I_R, I_L

$$Z = \frac{U}{I} \qquad Z = \frac{24\ V}{68\ mA}$$

$$\underline{Z = 353\ \Omega}$$

$I_R = I \cdot \cos\varphi \quad I_R = 68\ mA \cdot \cos 36{,}7° \quad \underline{I_R = 54{,}5\ mA}$

$I_L = I \cdot \sin\varphi \quad I_L = 68\ mA \cdot \sin 36{,}7° \quad \underline{I_L = 40{,}6\ mA}$

Leitwerte und Widerstände

Bei der Reihenschaltung konnte aus dem Spannungsdreieck ein Widerstandsdreieck entwickelt werden.
Bei der Parallelschaltung sind drei Stromstärken und
das entsprechende Stromdreieck vorhanden (Abb. 1).
Wir gehen von diesem aus und stellen für die einzelnen Stromstärken folgende Formeln auf:

$$I = \frac{U}{Z} \qquad I_R = \frac{U}{R} \qquad I_L = \frac{U}{X_L}$$

Die einzelnen Widerstände sind im Nenner der jeweiligen Formeln vorhanden (Kehrwerte). Es können deshalb in die Formeln auch die Leitwerte G, B_L und Y
(Einheit Siemens, 1 S = 1/Ω) eingesetzt werden:

$$I = U\left(\frac{1}{Z}\right) \qquad I_R = U\left(\frac{1}{R}\right) \qquad I_L = U\left(\frac{1}{X_L}\right)$$

$$Y = \frac{1}{Z} \qquad G = \frac{1}{R} \qquad B_L = \frac{1}{X_L}$$

Y: Scheinleitwert　　G: Wirkleitwert　　B: Blindleitwert

$$I = U \cdot Y \qquad I_R = U \cdot G \qquad I_L = U \cdot B_L$$

In jeder Formel ist die Spannung U als gemeinsame
Größe vorhanden. Die Leitwerte sind also den jeweiligen Stromstärken proportional. Aus dem Stromstärkendreieck ergibt sich dann das ähnliche Leitwertdreieck. (Abb. 3).

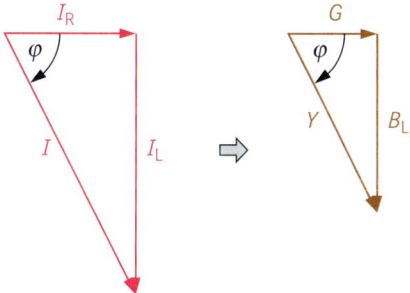

3: Stromstärken- und Leitwertdreieck

Mit Hilfe des Leitwertdreiecks lassen sich die folgenden Formeln zur Berechnung aufstellen:

$$\left(\frac{1}{Z}\right)^2 = \left(\frac{1}{R}\right)^2 + \left(\frac{1}{X_L}\right)^2$$

$$Y^2 = G^2 + B_L^2$$

$$Y = \sqrt{G^2 + B_L^2} \qquad G = \sqrt{Y^2 - B_L^2} \qquad B_L = \sqrt{Y^2 - G^2}$$

$$\cos\varphi = \frac{Z}{R} \qquad \sin\varphi = \frac{Z}{X_L} \qquad \tan\varphi = \frac{R}{X_L}$$

Leistungen

Leistungen und Stromstärken sind proportional. Aus
dem Stromdreieck kann deshalb ein ähnliches Leistungsdreieck gezeichnet werden (Abb. 4):

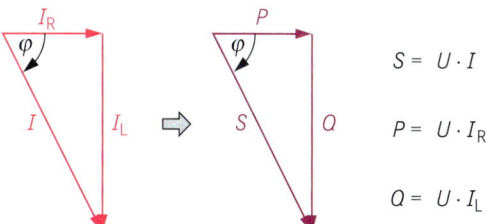

$$S = U \cdot I$$
$$P = U \cdot I_R$$
$$Q = U \cdot I_L$$

4: Stromstärken- und Leistungsdreieck

Aus dem Leistungsdreieck ergibt sich folgende
Berechnungsformel:

$$S^2 = P^2 + Q^2$$

Die Leistungsformel für die Parallelschaltung ist gleich
der Leistungsformel für die Reihenschaltung (vgl. Kap.
4.3).

- Zur Berechnung von Größen in der Parallelschaltung aus X_L und R wird ein rechtwinkliges Dreieck aus den Stromstärken bzw. Leit-
  werten verwendet.

- Der Scheinwiderstand der Parallelschaltung
  aus X_L und R ist kleiner als der kleinste Einzelwiderstand.

- Die Scheinleistung S setzt sich zusammen aus
  der Wirkleistung P und der Blindleistung Q.

Aufgaben

1. Zeichnen Sie ein Stromstärken- und Leitwertdrei-
eck der Parallelschaltung aus R = 50 Ω und X_L = 30 Ω,
wenn die Schaltung an der 230 V Netzwechselspan-
nung liegt (10 Ω ≙ 1 cm)!
Ermitteln Sie den Scheinwiderstand Z und den Phasenverschiebungswinkel φ!

2. Der Wirkwiderstand einer Parallelschaltung aus
R und X_L wird bei konstant bleibender Spannung vergrößert.
Welche Auswirkungen hat diese Änderung auf die
Größen Z, I, I_R, I_L, φ, S, P und Q?

3. Zu einer Induktivität von 2 H liegt parallel ein
Wirkwiderstand von 390 Ω. Die Gesamtspannung
beträgt 230 V (50 Hz).
a) Ermitteln Sie den Scheinwiderstand!
b) Zeichnen Sie das Leitwert- und Leistungsdreieck!

4. Für eine Parallelschaltung aus R und X_L sind
gegeben: R = 150 Ω; I = 80 mA; U = 12 V/50 Hz.
Wie groß sind Z, I_R, I_L und φ?

4.5 Kondensatoren

Kondensatoren findet man in vielen Schaltungen der Elektrotechnik. Sie erfüllen unterschiedliche Aufgaben, wie z.B:

- Phasenverschiebung zur Kompensation (vgl. Kap 4.8),
- Trennung von Gleich- und Wechselspannungen in elektronischen Schaltungen und
- Spannungsglättung in Netzteilen.

Das Netzteil in Abb. 1 wandelt Wechselspannung in Gleichspannung um. Verwendet werden dazu die vier Dioden V1 bis V4, die nur die positiven Anteile der Wechselspannung durchlassen. Da die Ausgangsspannung noch stark schwankt, muss eine Glättung der Spannung vorgenommen werden. Der Kondensator C1 ①, ② übernimmt diese Aufgabe, indem er die „Lücken" der Spannungskurve „füllt".

Wie arbeitet ein Kondensator?

Kondensatoren bestehen aus zwei voneinander isolierten Platten bzw. Folien (s. Schaltzeichen ③). Es besteht also zwischen ihnen keine elektrische Verbindung.

Zur Untersuchung seiner Arbeitsweise schließen wir einen Kondensator über ein Netzteil an eine Gleichspannungsquelle an (Abb. 2) und trennen ihn anschließend wieder. Im Einzelnen unterscheiden wir:

- **Ungeladener Kondensator** ④
  Auf jeder Platte sind gleichviele positive und negative Ladungen vorhanden. Die Platten sind neutral.

- **Aufladevorgang** ⑤
  Der Schalter wird geschlossen. Die Gleichspannung U liegt zwischen den Platten 1 und 2. Sie sorgt dafür, dass bewegliche negative Ladungen (Elektronen) von der Platte 1 abgezogen und gleichzeitig negative Ladungen von der Quelle zur Platte 2 transportiert werden. Es fließt ein Strom. Die Spannung an den Platten steigt solange an, bis $U = U_C$ geworden ist.

- **Geladener Kondensator** ⑥
  In den Zuleitungen zum Kondensator fließt kein Strom mehr. Die Platte 1 ist positiv und die Platte 2 negativ geladen. Zwischen beiden Platten besteht ein **elektrisches Feld,** das durch Linien (**Feldlinien**) von positiven zu negativen Ladungen gekennzeichnet ist. Der Ladungsunterschied zwischen den Platten bleibt auch dann bestehen, wenn wir den Kondensator von der Spannungsquelle trennen. Die Ladungen sind gespeichert. Der Kondensator kann deshalb als **Ladungsspeicher** (z. B. in Netzteilen) verwendet werden.

Die Speicherfähigkeit (Fassungsvermögen) des Kondensators von Ladungen drückt man durch die **Kapazität C** aus. Als Einheit ist das **Farad F** festgelegt worden (benannt nach Michael Faraday). Da 1 Farad eine sehr große Einheit ist, unterteilt man sie in folgende kleinere Bereiche:

Mikro: $1\,\mu F = 10^{-6}\,F$
Nano: $1\,nF = 10^{-9}\,F$
Piko: $1\,pF = 10^{-12}\,F$

Welche Beziehung besteht zwischen Spannung, Ladung und Kapazität?

Durch die Spannung am Kondensator verändern wir seine Ladung Q. Sie steigt also mit größer werdender Spannung U. Zwischen beiden Größen besteht ein proportionaler Zusammenhang:

$$U\uparrow \Rightarrow Q\uparrow \qquad Q \sim U$$

Die Ladung lässt sich auch vergrößern, wenn wir einen Kondensator mit einer größeren Kapazität verwenden. Der proportionale Zusammenhang lautet:

$$C\uparrow \Rightarrow Q\uparrow \qquad Q \sim C$$

Beide Proportionalitäten lassen sich zu einer Gleichung zusammenfassen:

$$Q \sim U \qquad Q \sim C$$
$$Q = C \cdot U$$

Stellt man die Gleichung nach der Kapazität um, erhält man die Definitionsgleichung für die Kapazität:

$$C = \frac{Q}{U} \qquad 1F = \frac{1C}{1V} \qquad 1F = \frac{1As}{1V}$$

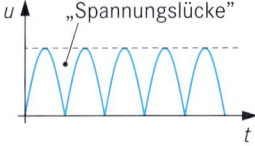

1: Kondensator im Netzteil

C1 ⊣⊢ ③

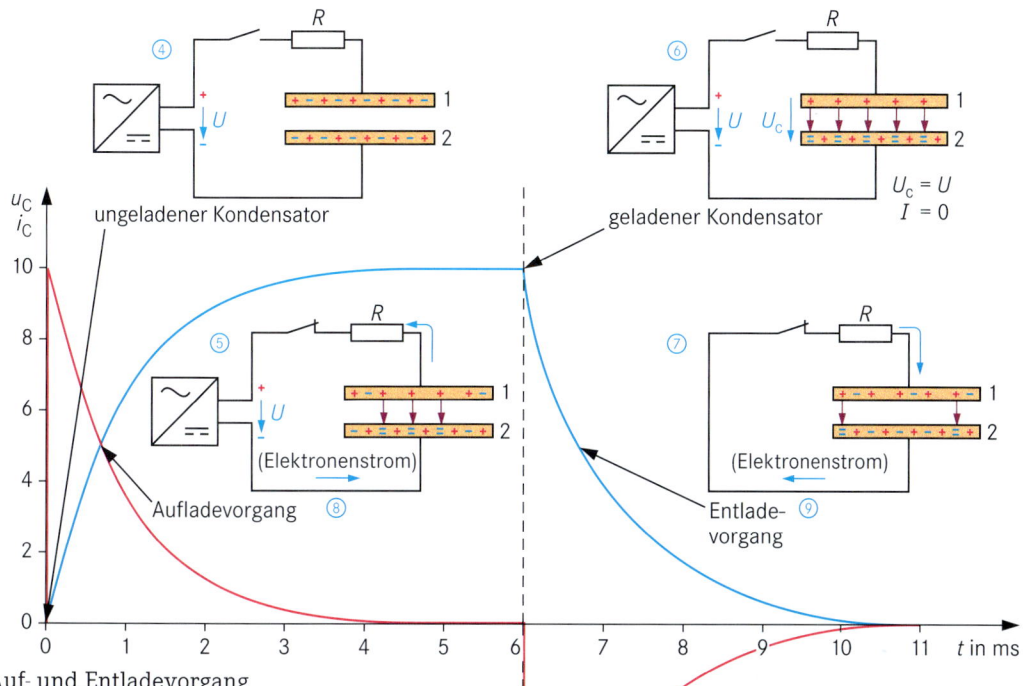

2: Auf- und Entladevorgang

• Entladevorgang ⑦

Der Kondensator wird jetzt von der Spannungsquelle getrennt. Damit die Stromstärke nicht zu
groß wird und der Vorgang langsamer abläuft, wird
der Kondensator über einen Widerstand R entladen.
Es kommt jetzt zu einem Ausgleich der Ladungen
zwischen den Platten. Die frei beweglichen Ladungen (Elektronen) fließen solange von Platte 2 zur
Platte 1, bis beide Platten wieder elektrisch neutral
sind. Das elektrische Feld baut sich ab.

Stromrichtung

Wir betrachten zunächst die Platte 2. Beim Aufladen
sind Elektronen auf die Platte geflossen ⑧, beim Entladen fließen sie wieder herunter. Entsprechendes gilt
für die Platte 1. Die Stromrichtung kehrt sich also um ⑨.

- Ein Kondensator besteht aus zwei elektrischen
  Leitern (Folien, Platten), zwischen denen sich
  ein Isolator (Dielektrikum) befindet.

- Ein Kondensator ist ein Ladungsspeicher. Sein
  Fassungsvermögen wird als Kapazität C
  bezeichnet.

- Die Ladung eines Kondensators steigt mit der
  Spannung und der Kapazität.

- Beim Laden eines Kondensators steigt die Spannung an, beim Entladen sinkt sie bis auf null.

- Beim Entladen des Kondensators ist die Richtung des Stromes im Vergleich zum Aufladen
  umgekehrt.

Kapazität des Plattenkondensators

Die Kapazität eines Kondensators kann durch
seine Baugrößen A, d und ε verändert werden.

Fläche A

Je größer die Plattenfläche, desto mehr Ladungen
lassen sich unterbringen. Es gilt:

$$A \uparrow \Rightarrow C \uparrow \qquad C \sim A$$

Plattenabstand d

Wenn wir den Plattenabstand vergrößern, verringert
sich die Wirkung auf die Ladungen. Beide Größen sind
umgekehrt proportional.

$$d \uparrow \Rightarrow C \downarrow \qquad C \sim \frac{1}{d}$$

Dielektrikum

Die Kapazität von Kondensatoren lässt sich erheblich
vergrößern, wenn an Stelle von Luft besondere Materialien zwischen die Platten eingefügt werden. Die
Materialeigenschaften werden in der Permittivität ε
zusammengefasst.

$$\varepsilon \uparrow \Rightarrow C \uparrow \qquad C \sim \varepsilon$$

Zusammenfassend ergeben sich folgende Formeln:

$$C = \frac{\varepsilon \cdot A}{d} \qquad \varepsilon = \varepsilon_0 \cdot \varepsilon_r$$

ε_0 = Elektrische Feldkon-
stante
ε_0 = $8{,}86 \cdot 10^{-12}$ As/V
ε_r = Permittivitätszahl

Beispiele für Permittivitätszahlen:
Tantaldioxid: 26
Keramik: 10 bis 50000

Schaltungen mit Kondensatoren

Im Anordnungsplan des Netzteils in Abb. 1 auf S. 66 sind zwei Kondensatoren C1 enthalten, obwohl im Stromlaufplan nur ein Kondensator eingezeichnet ist. Beide sind parallel geschaltet worden. Was wird dadurch erreicht?

Parallelschaltung

Bei parallel geschalteten Kondensatoren liegt an jedem Kondensator dieselbe Spannung (gemeinsame Größe). Die gesamte Fläche und die Ladung vergrößert sich entsprechend ($A\uparrow \Rightarrow C\uparrow$). Die Gesamtkapazität C_g setzt sich aus der Summe der Einzelkapazitäten zusammen.

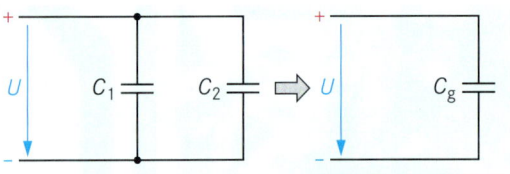

$$C_g = C_1 + C_2 + ... + C_n$$

Reihenschaltung

In einer Reihenschaltung mit Kondensatoren fließt nur ein Strom (gemeinsame Größe). Trotz unterschiedlicher Baugrößen besitzt deshalb jeder Kondensator die gleiche Ladung. Die Spannung teilt sich auf. Für die Gesamtkapazität vergrößert sich auch der gemeinsame „Plattenabstand". Die Gesamtkapazität ist deshalb immer kleiner als jede Einzelkapazität.

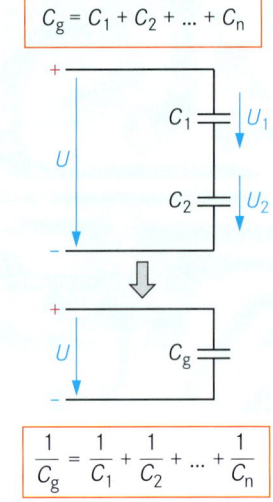

$$\frac{1}{C_g} = \frac{1}{C_1} + \frac{1}{C_2} + ... + \frac{1}{C_n}$$

- Bei der Parallelschaltung von Kondensatoren ist die Gesamtkapazität gleich der Summe der Einzelkapazitäten.

- Bei der Reihenschaltung von Kondensatoren ist die Gesamtkapazität kleiner als die kleinste Einzelkapazität.

Aufgaben

1. Bei einem Plattenkondensator werden die Fläche und gleichzeitig der Plattenabstand verdoppelt. Wie verändert sich die Kapazität?

2. Berechnen Sie die Gesamtkapazität von drei Kondensatoren mit jeweils 4,7 µF, die
a) parallel und
b) in Reihe geschaltet sind.

Kenngrößen und Bauformen (vgl. S. 54)

Die **Bemessungskapazität** kann angegeben sein als:
- Zahlenwert mit vollständiger Einheit,
- Zahlenwert mit verkürzter Einheit (z.B. 6n8 bedeutet 6,8 nF; 47m bedeutet 47 µF),
- Zahlenwert ohne Einheit (Wert in pF oder µF),
- Farbmarkierung (Punkte, Ringe).

Die **Stufung** erfolgt wie bei Widerständen nach der IEC-Reihe.

Die **Toleranz** ist direkt aufgedruckt oder in Form von Farbmarkierungen oder Großbuchstaben angegeben.

Die **Bemessungsspannung** von Kondensatoren darf nicht überschritten werden, da sonst die Gefahr des Durchschlags besteht. Die Angaben erfolgen direkt, verkürzt oder verschlüsselt. Unterschiede zwischen Gleich- (Polung + und –) und Wechselspannungen müssen beachtet werden.

Da das Dielektrikum kein idealer Isolator ist, speichern Kondensatoren nicht beliebig lange ihre Ladungen. Das Dielektrikum wirkt dabei wie ein parallel geschalteter Wirkwiderstand (**Isolationswiderstand**).

Metallpapier-Kondensatoren (MP-Kondensatoren)

Als Dielektrikum wird Papier verwendet. Kommt es zu einem Überschlag zwischen den Platten, verbrennt die aufgedampfte Metallschicht stärker als das Dielektrikum. Die leitende Verbindung besteht nicht mehr, der Kondensator hat sich selbst „geheilt".

Kunststoff-Folien-Kondensatoren

Kunststoff-Folien können dünner als Papier gefertigt werden. Das Aluminium der Elektroden wird ebenfalls aufgedampft. Die Folien lassen sich gut aufwickeln oder in Rechteckformen pressen.

Aluminium-Elektrolyt-Kondensatoren

Eine Elektrode besteht aus Aluminium, die andere aus einem Elektrolyt. Durch einen Stromfluss bildet sich als Dielektrikum eine sehr dünne Oxidschicht. Beim Einbau in Schaltungen muss auf die Polung geachtet werden. Durch den geringen Plattenabstand lassen sich Kondensatoren mit großen Kapazitäten herstellen.

Tantal-Elektrolyt-Kondensatoren

Die Anode dieser Kondensatoren besteht aus Tantal. Das Dielektrikum ist eine Oxidschicht. Dadurch lassen sich Kondensatoren mit kleinen Abmessungen und großen Kapazitäten herstellen.

Keramik-Kondensatoren

Als Bauformen kommen z. B. Scheiben-, Rohr- oder Perlkondensatoren vor. Das keramische Dielektrikum besitzt eine hohe Permittivitätszahl, sodass bei kleinen Abmessungen Kondensatoren mit großen Kapazitäten hergestellt werden können.

4.6 Widerstand des Kondensators

Obwohl die beiden Platten des Kondensators durch ein Dielektrikum voneinander isoliert sind, fließt im Gleichstromkreis beim Ein- und Ausschalten ein Strom (vgl. S. 67, Abb. 2). Der Strom fließt nur dann, wenn sich die Spannung ändert. Wenn aber Strom fließt, besitzt das Bauteil einen Widerstand.

- Ein- u. Ausschalten:
  I groß   ⇒ Widerstand sehr klein
- Aufgeladener Kondensator:
  I null   ⇒ Widerstand unendlich groß

Der Widerstand im Gleichstromkreis ist also nicht konstant. Wie ist das Widerstandsverhalten des Kondensators im Wechselstromkreis?

Wenn wir an einen Kondensator eine Wechselspannung legen, ändert sich die Spannung ständig. Der Kondensator wird fortwährend aufgeladen und entladen. Es wird ständig Strom fließen. Es kann deshalb mit den Werten (Stromstärke und Spannung) ein Widerstand angegeben werden.

Der Versuch und die Messwerte in Abb. 2 bestätigen diese Überlegungen. Zwischen Stromstärke und Spannung besteht ein proportionaler Zusammenhang.

$$U_C \uparrow \Rightarrow I_C \uparrow \qquad I_C \sim U_C$$

Wie bei der Spule ist das Verhältnis von U_C zu I_C der **Blindwiderstand** (Formelzeichen X_C).

$$\frac{U_C}{I_C} = \frac{25\ \text{V}}{32\ \text{mA}} \qquad \frac{U_C}{I_C} = 781\ \Omega \qquad \boxed{X_C = \frac{U_C}{I_C}}$$

Wie bei der Spule vermuten wir auch beim Kondensator, dass der Blindwiderstand von der Frequenz f und von den Baugrößen (Kapazität C) abhängig sein wird.

- Je größer die Frequenz, desto mehr Änderungen finden innerhalb einer bestimmten Zeitspanne statt. Die Stromstärke wird größer und der Widerstand kleiner. $f \uparrow \Rightarrow X_C \downarrow$ (Abb. 1)
- Je größer die Kapazität, desto mehr Ladungen können auf die Platten fließen. Der Widerstand wird also auch mit zunehmender Kapazität kleiner. $C \uparrow \Rightarrow X_C \downarrow$ (Abb. 3)

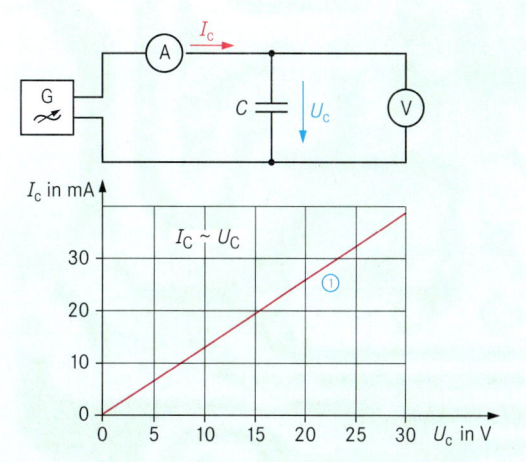

2: Zusammenhang zwischen Stromstärke und Spannung beim Kondensator

Wie bei der Spule muss auch hier die Konstante 2π eingefügt werden, damit aus der Proportionalität eine Gleichung entsteht.

Blindwiderstand des Kondensators:

$$\boxed{X_C = \frac{1}{2 \cdot \pi \cdot f \cdot C}} \qquad \boxed{X_C = \frac{1}{\omega \cdot C}}$$

Kreisfrequenz:
$$\omega = 2 \cdot \pi \cdot f$$

Bei der Spule musste in bestimmten Fällen der Wirkwiderstand berücksichtigt werden. Beim Kondensator kann der Wirkwiderstand in der Regel vernachlässigt werden.

- Der Kondensator verhält sich im Wechselstromkreis wie ein Widerstand (Blindwiderstand X_C).

- Der Blindwiderstand X_C des Kondensators verringert sich mit zunehmender Frequenz f und zunehmender Kapazität C.

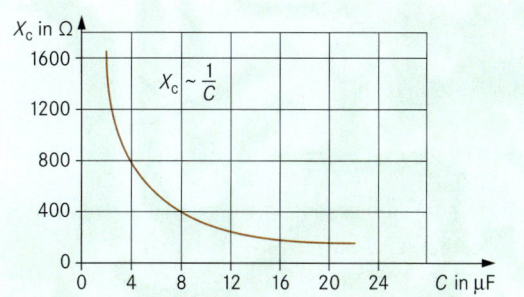

1: X_C in Abhängigkeit von der Frequenz f 3: X_C in Abhängigkeit von der Kapazität C

Wie verlaufen Stromstärke und Spannung?

Mit dem Oszilloskop können nur Spannungen auf dem Bildschirm sichtbar gemacht werden. Um die Stromstärke beim Kondensator abzubilden, müssen wir sie indirekt als Spannungsfall u_R an einem Wirkwiderstand messen ($u_R \sim i$, Reihenschaltung aus R und X_C). Ergebnis (Abb. 1):

Wie bei der Spule besteht eine Phasenverschiebung von 90°. Die Stromstärke eilt der Spannung voraus.

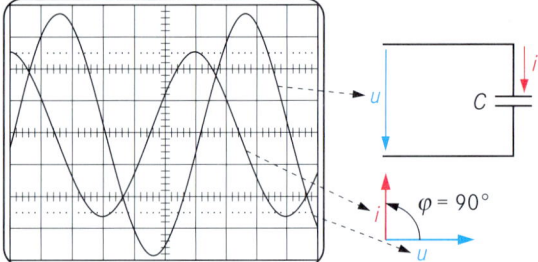

1: Stromstärke und Spannung

Leistung

Wenn wir für jeden Augenblick bei einem Kondensator die Leistung ermitteln, erhalten wir gleich viele positive und negative Anteile. Wie bei der Spule kann deshalb eine **Blindleistung** Q_C (Abb. 2) angegeben werden. Sie wird in var gemessen.

$$Q_C = U_C \cdot I_C$$

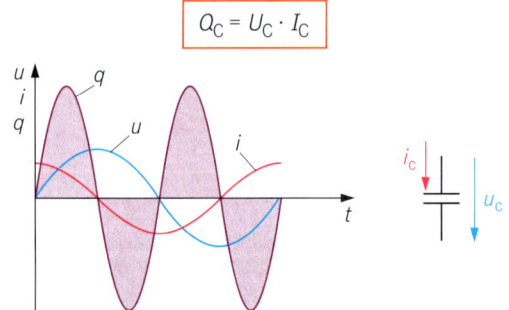

2: Spannung, Stromstärke und Leistung

> - Mit Hilfe des Oszilloskops können zeitabhängige Größen dargestellt werden.
> - In einem idealen Kondensator wird keine Wirkleistung in Wärme umgesetzt.

Aufgaben

1. Vergleichen Sie induktive und kapazitive Blindwiderstände!
Welche Gemeinsamkeiten gibt es, welche Unterschiede bestehen?

2. Ein Kondensator mit 4,7 µF liegt an der Netzwechselspannung von 230 V.
Wie groß sind X_C, I_C und Q_C?

4.7 Schaltung mit Kondensatoren und Wirkwiderständen

Bei der **Reihenschaltung** teilt sich die Gesamtspannung auf die Widerstände auf. Bei der Entwicklung des Liniendiagramms von Abb. 3 muss wie bei der Spule Folgendes bedacht werden:

- Die Stromstärke i ist die gemeinsame Bezugsgröße.
- Die Spannung u_R am Wirkwiderstand ist in Phase mit der Stromstärke i.
- Die Spannung u_C am Blindwiderstand eilt der Stromstärke um 90° nach.
- Die Gesamtspannung u ergibt sich durch Addition der Momentanwerte u_R und u_C.

Das Spannungsdreieck wird benutzt um das Widerstands- und Leistungsdreieck zu entwickeln. Alle Dreiecke sind ähnlich. Der Phasenverschiebungswinkel φ ist gleich.

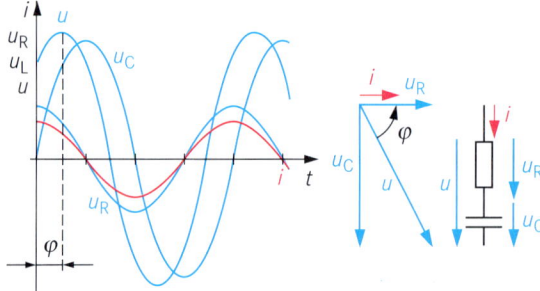

3: Diagramme der Reihenschaltung aus R und X_C

Zur Konstruktion der Liniendiagramme für die **Parallelschaltung** von X_C und R wird entsprechend vorgegangen:

- Die Spannung u ist die gemeinsame Bezugsgröße.
- Die Stromstärke i_R durch den Wirkwiderstand ist in Phase mit der Spannung u.
- Die Stromstärke i_C durch den Blindwiderstand eilt der Spannung u um 90° voraus.
- Die Gesamtstromstärke i erhält man durch Addition der Momentanwerte von i_R und i_C.

Das Stromdreieck wird benutzt um das Leitwert- und Leistungsdreieck zu entwickeln. Alle Dreiecke sind ähnlich. Der Phasenverschiebungswinkel φ ist gleich.

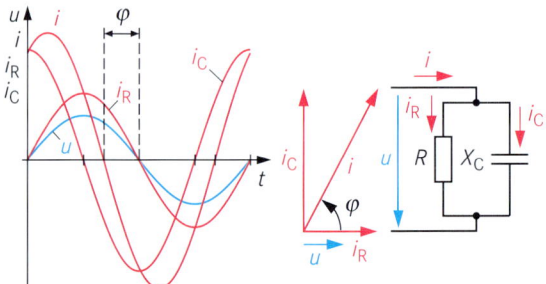

4: Diagramme der Parallelschaltung aus R und X_C

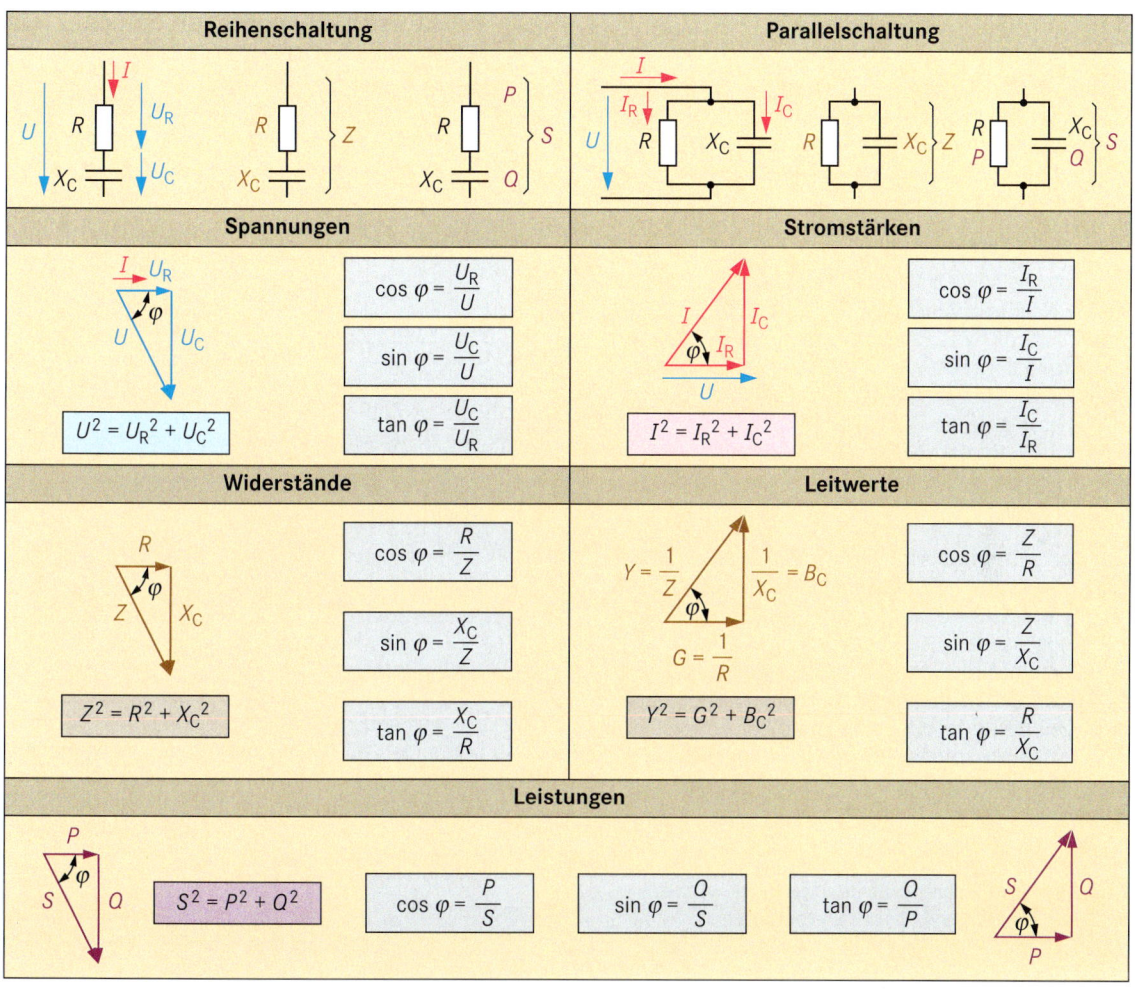

Größen in der Reihenschaltung

Wie groß sind die Stromstärke, Teilspannungen, Leistungen und der Phasenverschiebungswinkel einer Reihenschaltung aus R und X_C?

Geg.: $C = 10\ \mu F$; $R = 500\ \Omega$; $U = 230\ V$; $f = 50\ Hz$

Ges.: I, U_C, U_R, S, Q, P, φ

$$X_C = \frac{1}{2\pi \cdot f \cdot C} \qquad X_C = 318\ \Omega$$

$$Z = \sqrt{R^2 + X_C^2} \qquad Z = 593\ \Omega \qquad I = \frac{U}{Z} \qquad \underline{I = 0{,}388\ A}$$

$$U_C = I \cdot X_C \qquad \underline{U_C = 123\ V} \qquad U_R = I \cdot R \qquad \underline{U_R = 194\ V}$$

$$S = U \cdot I \qquad \underline{S = 89{,}2\ VA} \qquad Q = U_C \cdot I \qquad \underline{Q = 47{,}7\ var}$$

$$P = U_R \cdot I \qquad \underline{P = 75{,}3\ W}$$

$$\cos \varphi = \frac{U_R}{U} \qquad \cos \varphi = 0{,}843 \qquad \underline{\varphi = 32{,}5°}$$

Größen in der Parallelschaltung

In einer Schaltung liegen ein Kondensator und ein Wirkwiderstand parallel. In der Schaltung treten Wechselspannungen mit 50 Hz und 15 kHz auf. Zwischen welchen Werten ändern sich Z und φ?

Geg.: $R = 1\ k\Omega$, $C = 33\ nF$, $f_1 = 50\ Hz$, $f_2 = 15\ kHz$

Ges.: Z_1, Z_2, φ_1, φ_2

$$X_{C1} = \frac{1}{2\pi \cdot f_1 \cdot C} \qquad X_{C1} = \frac{1}{2\pi \cdot \frac{50}{s} \cdot 33 \cdot 10^{-9}\frac{As}{V}}$$

$$X_{C1} = 96{,}5\ k\Omega \ \Rightarrow X_{C1} \gg R \qquad \underline{Z_1 = R = 1\ k\Omega}$$

$$\tan \varphi_1 = \frac{R}{X_{C1}} \qquad \tan \varphi_1 = \frac{1\ k\Omega}{96{,}5\ k\Omega} \qquad \underline{\varphi_1 = 0{,}594°}$$

$$X_{C2} = \frac{1}{2\pi \cdot \frac{15 \cdot 10^3}{s} \cdot 33 \cdot 10^{-9}\frac{As}{V}} \qquad X_{C2} = 322\ \Omega$$

$$\left(\frac{1}{Z_2}\right)^2 = \left(\frac{1}{322\ \Omega}\right)^2 + \left(\frac{1}{1000\ \Omega}\right)^2 \qquad \underline{Z_2 = 307\ \Omega}$$

$$\tan \varphi_2 = \frac{R}{X_{C2}} \qquad \tan \varphi_2 = \frac{1\ k\Omega}{0{,}307\ k\Omega} \qquad \underline{\varphi_2 = 72{,}9°}$$

Aufgaben

1. Eine Reihenschaltung aus R und X_C liegt an einer konstanten Wechselspannung.
Wie verändern sich X_{Cg}, I, U_R, U_{Cg} und φ, wenn ein Kondensator mit gleicher Kapazität zusätzlich in Reihe geschaltet wird?

2. Eine Reihenschaltung aus einem Wirkwiderstand und einem Kondensator liegt an 230 V (50 Hz). Die Schaltung wird messtechnisch untersucht und eine Stromstärke von 3,5 A bei einem cos φ von 0,6 gemessen.
a) Wie groß sind die Widerstände?
b) Welche Kapazität besitzt der Kondensator?
c) Wie groß sind die Leistungen?

3. Zur Leistungsverminderung eines Lötkolbens ist ein Kondensator in Reihe geschaltet. Die Gesamtspannung beträgt 230 V (50 Hz). Am Lötkolben werden 180 V gemessen.
a) Wie groß ist die Spannung am Kondensator?
b) Welcher Phasenverschiebungswinkel ergibt sich zwischen der Gesamtspannung und der Stromstärke?
c) Wie groß sind die Leistungen in der Reihenschaltung, wenn eine Stromstärke von 0,15 A gemessen wird?

4. Zur Parallelschaltung aus R und X_C wird ein weiterer Kondensator parallel geschaltet.
Wie verändern sich X_{Cg}, Z, I, I_{Cg}, I_R, φ, S, Q_g und P, wenn die Spannung konstant bleibt?

5. Zu einem Wirkwiderstand von 100 Ω soll ein Kondensator parallel geschaltet werden, damit sich bei Anlegen an 230 V (50 Hz) eine Scheinleistung von 620 VA ergibt.
Berechnen Sie die
a) Stromstärke,
b) Wirk- und Blindleistung und
c) Kapazität des Kondensators!

6. Durch Zuschalten von C_2 soll eine Phasenverschiebung zwischen Spannung und Stromstärke von 35° erreicht werden.
Wie groß ist die Kapazität des Kondensators C_2?

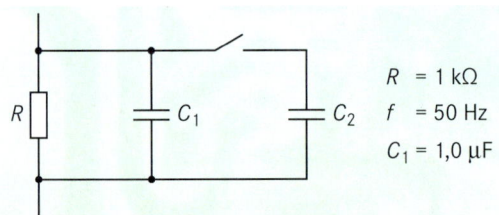

$R = 1$ kΩ
$f = 50$ Hz
$C_1 = 1,0$ μF

4.8 Reihenschaltungen mit Spulen, Kondensatoren und Wirkwiderständen

In einem Zweig der Leuchtstofflampen-Schaltung (Abb. 1, Duo-Schaltung) ist eine Reihenschaltung mit den drei Widerstandsarten X_C, X_L und R vorhanden.

Wir messen in der Schaltung die angegebenen Spannungen:

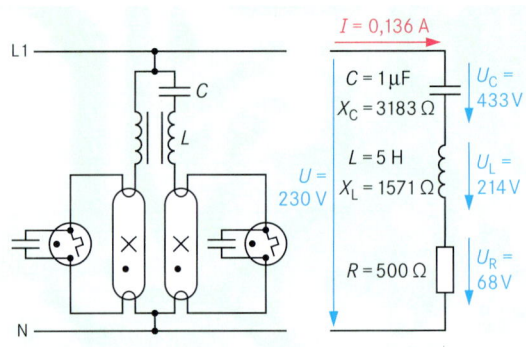

1: Duo-Schaltung

Wie lässt sich dieses erstaunliche Ergebnis erklären? Dazu betrachten wir die phasenmäßigen Beziehungen zwischen den einzelnen Größen und stellen sie in einem Zeigerdiagramm dar.

- Am Wirkwiderstand R sind Stromstärke und Spannung in Phase ①.

- Die Stromstärke I in der Reihenschaltung verursacht an X_C eine um 90° nacheilende Spannung U_C ②.

- Dieselbe Stromstärke I verursacht an X_L ebenfalls eine um 90° phasenverschobene Spannung U_L, allerdings voreilend. Zwischen U_C und U_L besteht somit eine Phasenverschiebung von 180° ③.

- Die beiden Spannungen U_C und U_L sind entgegengesetzt gerichtet (180° Phasenverschiebung). Sie heben sich also in ihrer Wirkung teilweise auf. Die insgesamt wirksame Spannung aus den Blindwiderständen U_X ist die Differenz aus beiden Spannungen ④:
$U_X = U_C - U_L$
$U_X = 433$ V – 214 V
$U_X = 219$ V

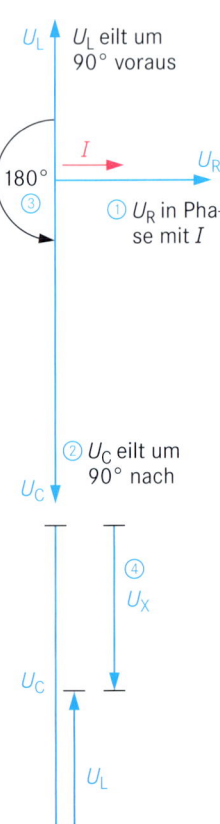

U_L eilt um 90° voraus

180° ③

① U_R in Phase mit I

② U_C eilt um 90° nach

④ U_X

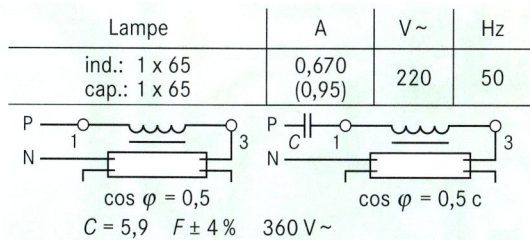

Lampe	A	V ~	Hz
ind.: 1 x 65	0,670	220	50
cap.: 1 x 65	(0,95)		

P — 1 — 3
N

$\cos \varphi = 0,5$
$C = 5,9$ $F \pm 4\,\%$ $360\,V \sim$

P — C — 1 — 3
N

$\cos \varphi = 0,5\,c$

2: Herstellerunterlage für eine Leuchtstofflampen-Schaltung

Mit den ermittelten drei Spannungen lässt sich jetzt das Spannungsdreieck zeichnen.

Spannungsdreieck

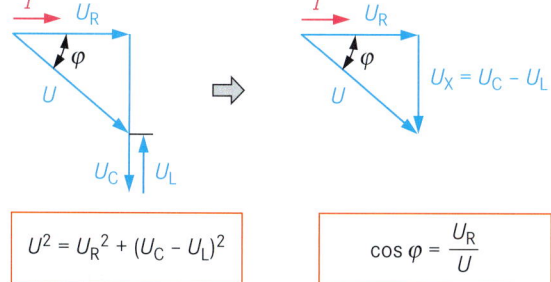

$$U^2 = U_R{}^2 + (U_C - U_L)^2$$

$$\cos \varphi = \frac{U_R}{U}$$

Wie die Spannungen zeigen auch die beiden Blindwiderstände X_C und X_L ein gegensätzliches Verhalten. Die Blindwiderstände heben sich in ihren Wirkungen teilweise auf (Kompensation). Wirksam für die Schaltung ist die Differenz aus den Einzelwiderständen. Da in diesem Fall der kapazitive Blindwiderstand größer als der induktive ist, bezeichnen wir den verbleibenden Widerstand mit $X_C{}^*$ (kapazitive Wirkung).

$X_C{}^* = X_C - X_L$
$X_C{}^* = 3183\,\Omega - 1571\,\Omega$ $X_C{}^* = 1612\,\Omega$

Widerstandsdreieck

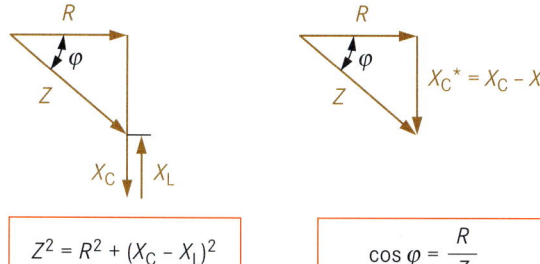

$$Z^2 = R^2 + (X_C - X_L)^2$$

$$\cos \varphi = \frac{R}{Z}$$

Was geschieht, wenn wir den induktiven Blindwiderstand so verkleinern, dass X_L etwa ebenso groß wie X_C wird?

Wir lösen dieses Problem mit dem nachfolgenden Berechnungsbeispiel. Wir ermitteln zunächst die Stromstärke und berechnen dann die Spannungen an den einzelnen Widerständen.

$X_L \approx X_C$

Geg.: Reihenschaltung mit $R = 500\,\Omega$; $C = 1\,\mu F$;
$L = 10\,H$; $U = 230\,V$; $f = 50\,Hz$
Ges.: I, U_C, U_L und U_R

$X_C = \dfrac{1}{2\pi \cdot f \cdot C}$ $X_C = 3183\,\Omega$

$X_L = 2\pi \cdot f \cdot L$ $X_L = 3142\,\Omega$

$Z = \sqrt{R^2 + (X_C - X_L)^2}$ $Z = 502\,\Omega$

$I = \dfrac{U}{Z}$ $\underline{I = 0,46\,A}$

$U_C = I \cdot X_C$ $\underline{U_C = 1464\,V}$

$U_L = I \cdot X_L$ $\underline{U_L = 1445\,V}$

$U_R = I \cdot R$ $\underline{U_R = 230\,V}$

Ergebnis:

Da sich die Blindwiderstände in ihrer Wirkung nahezu aufheben, bestimmt der Wirkwiderstand R im Wesentlichen die Stromstärke. Sie ist dementsprechend groß. Man nennt diesen Zustand **Resonanz**.
Da die Stromstärke an jedem Widerstand eine Spannung verursacht, sind diese an großen Blindwiderständen ebenfalls groß ($U \sim I$). Sie können erheblich größer als die anliegende Betriebsspannung (**Spannungsüberhöhung**) werden.

- Bei Reihenschaltungen aus X_L und X_C sind die Spannungen an den Blindwiderständen um 180° phasenverschoben.

- Bei Reihenschaltungen aus X_L und X_C können die Spannungen an den Blindwiderständen erheblich größer als die Gesamtspannung werden (Spannungsüberhöhung).

- Bei $X_L = X_C$ heben sich die Blindwiderstände in ihren Wirkungen auf. Die Schaltung verhält sich wie ein reiner Wirkwiderstand.

Aufgaben

1. Zeichnen Sie ein Spannungs- und ein Widerstandsdreieck für eine Reihenschaltung mit folgenden Größen:
$X_C = 100\,\Omega$; $X_L = 130\,\Omega$; $R = 40\,\Omega$; $U = 230\,V$!

2. In Reihe mit einer Leuchtstofflampe liegen eine Drossel und ein Kondensator. Die Wirkleistung beträgt 48 W. Bei 230 V (50 Hz) beträgt die Stromstärke 0,25 A. Der Kondensator hat eine Kapazität von 3,6 μF.
Wie groß sind S, Q_C, Q_L, Q^* und $\cos \varphi$?

4.9 Parallelschaltungen mit Spulen, Kondensatoren und Wirkwiderständen

Bei der Parallelschaltung ist die Spannung für alle Größen die gemeinsame Bezugsgröße. Für die Entwicklung des Zeigerdiagramms in Abb.1 nehmen wir an, dass $X_L > X_C$ ist.

- Die Stromstärke I_R ist in Phase mit der Spannung U ①.
- Die Stromstärke I_C eilt der Spannung um 90° voraus ②.
- Die Stromstärke I_L eilt der Spannung um 90° nach ③.
- Zwischen I_C und I_L besteht eine Phasenverschiebung von 180°. Beide Stromstärken können voneinander abgezogen werden. Da $X_L > X_C$ ist, wird $I_L < I_C$ sein ④. Der induktive Anteil wird durch den Kondensator aufgehoben (**Kompensation**). Die sich aus der Differenz ergebende Stromstärke ist deshalb kapazitiv.

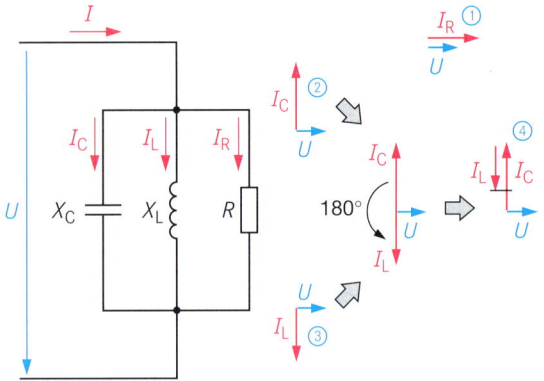

1: Parallelschaltung aus R, X_L und X_C

Aus den phasenmäßigen Beziehungen lassen sich ein Dreieck mit den Stromstärken zeichnen und entsprechende Formeln aufstellen.

Stromstärkendreieck

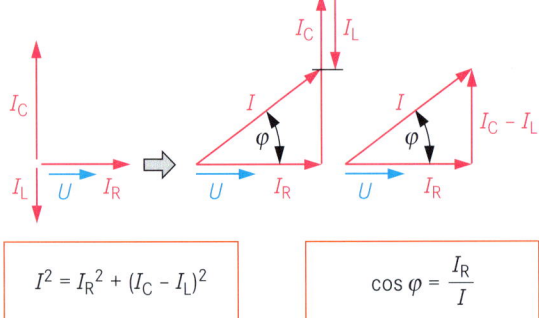

$$I^2 = I_R^2 + (I_C - I_L)^2 \qquad \cos\varphi = \frac{I_R}{I}$$

Stromstärken und Leitwerte sind proportional. Es lässt sich deshalb ein Leitwertdreieck zeichnen, das dem Stromstärkendreieck ähnlich ist. Da $X_L > X_C$ ist, gilt zwischen den Kehrwerten folgende Beziehung:

$\frac{1}{X_L} < \frac{1}{X_C}$ oder $B_L < B_C$.

Leitwertdreieck

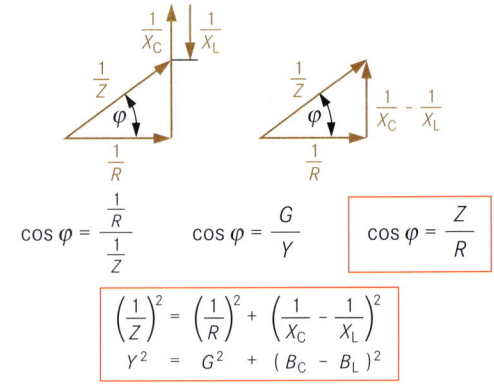

$$\cos\varphi = \frac{\frac{1}{R}}{\frac{1}{Z}} \qquad \cos\varphi = \frac{G}{Y} \qquad \boxed{\cos\varphi = \frac{Z}{R}}$$

$$\boxed{\left(\frac{1}{Z}\right)^2 = \left(\frac{1}{R}\right)^2 + \left(\frac{1}{X_C} - \frac{1}{X_L}\right)^2}$$
$$\boxed{Y^2 = G^2 + (B_C - B_L)^2}$$

Auch bei der Parallelschaltung aus X_L und X_C können sich die Wirkungen dieser Blindwiderstände vollständig aufheben (kompensieren, Resonanzfall). Das folgende Berechnungsbeispiel verdeutlicht diesen Sachverhalt.

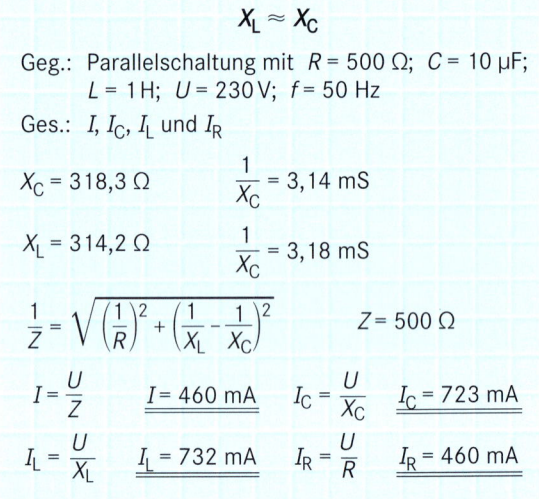

$X_L \approx X_C$

Geg.: Parallelschaltung mit $R = 500\,\Omega$; $C = 10\,\mu\text{F}$; $L = 1\,\text{H}$; $U = 230\,\text{V}$; $f = 50\,\text{Hz}$

Ges.: I, I_C, I_L und I_R

$X_C = 318{,}3\,\Omega \qquad \frac{1}{X_C} = 3{,}14\,\text{mS}$

$X_L = 314{,}2\,\Omega \qquad \frac{1}{X_C} = 3{,}18\,\text{mS}$

$\frac{1}{Z} = \sqrt{\left(\frac{1}{R}\right)^2 + \left(\frac{1}{X_L} - \frac{1}{X_C}\right)^2} \qquad Z = 500\,\Omega$

$I = \frac{U}{Z} \qquad \underline{I = 460\,\text{mA}} \qquad I_C = \frac{U}{X_C} \qquad \underline{I_C = 723\,\text{mA}}$

$I_L = \frac{U}{X_L} \qquad \underline{I_L = 732\,\text{mA}} \qquad I_R = \frac{U}{R} \qquad \underline{I_R = 460\,\text{mA}}$

Ergebnis:

Die Blindstromstärken I_C und I_L heben sich in ihren Wirkungen nahezu auf. In der Schaltung ist allein der Widerstand R wirksam. Er bestimmt die Gesamtstromstärke der Schaltung. Die Stromstärken in den Blindwiderständen können größer als die Gesamtstromstärke werden (**Stromüberhöhung**).

- Bei der Parallelschaltung von X_L und X_C besteht zwischen I_L und I_C eine Phasenverschiebung von 180°.
- Bei der Parallelschaltung von X_L und X_C können die Stromstärken in den einzelnen Blindwiderständen größer werden als die Gesamtstromstärke (Stromüberhöhung).
- Kapazitive und induktive Blindwiderstände heben sich in ihren Wirkungen auf (Kompensation).

Wenn in Schaltungen kapazitive und induktive Blindwiderstände vorhanden sind, können sie sich in ihrer Wirkung teilweise oder vollständig aufheben. Es werden in den einzelnen Schaltungen die folgenden drei Fälle unterschieden:

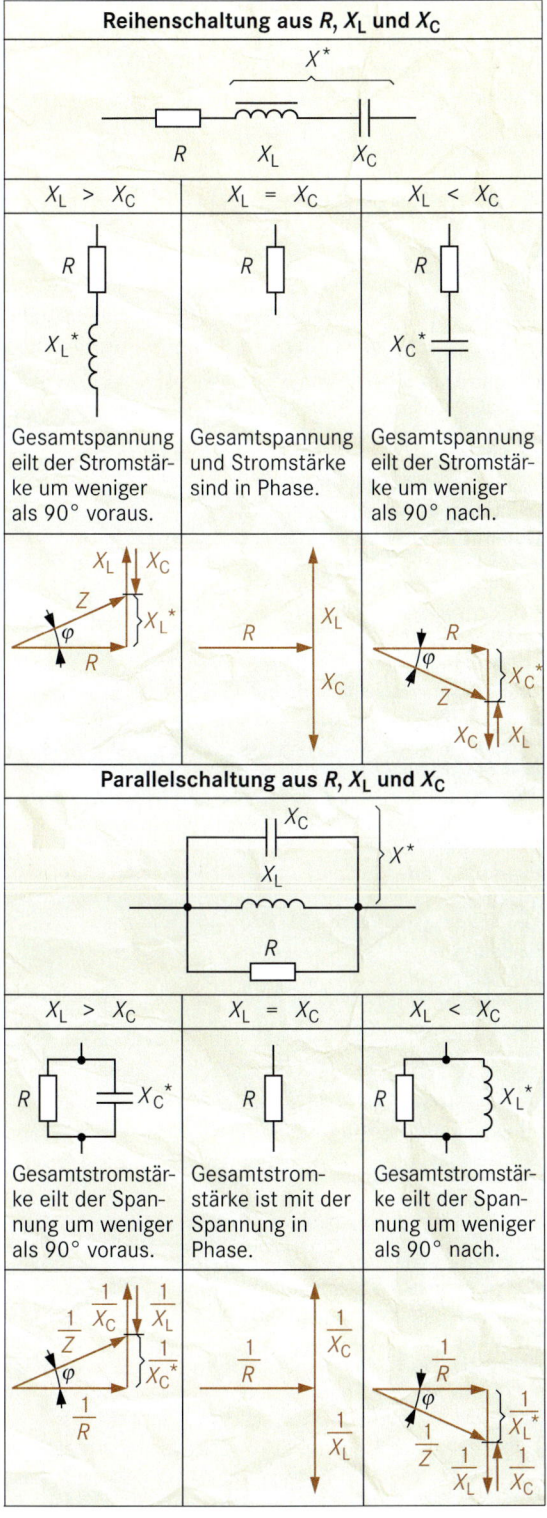

Aufgaben

1. Zeichnen Sie das Stromstärkendreieck einer Parallelschaltung, wenn folgende Größen gegeben sind: $I_C = 50\ \text{mA}$; $I_L = 120\ \text{mA}$; $I_R = 250\ \text{mA}$; Ermitteln Sie aus der Zeichnung I und φ!

2. In einer Parallelschaltung aus R, X_L und X_C wird der Kondensator entfernt.
Wie verändern sich bei konstant bleibender Spannung die Stromstärken und der Phasenverschiebungswinkel (größer, kleiner oder konstant angeben)?

3. Zeichnen Sie das Leistungsdreieck der Parallelschaltung aus R, X_L und X_C, wenn X_L größer als X_C ist!

4. Welche Größen werden in der Parallelschaltung aus R, X_L und X_C maximal bzw. minimal, wenn bei konstanter Spannung $X_L = X_C$ ist?

5. Von einer Parallelschaltung aus R, X_L und X_C sind folgende Größen gegeben:
$R = 200\ \Omega$; $I_L = 100\ \text{mA}$; $I_C = 60\ \text{mA}$.
Berechnen Sie U, I, X_L, X_C und Z!

6. Ein Wirkwiderstand von 300 Ω, eine Induktivität von 63,3 mH und ein Kondensator von 1 µF sind parallel geschaltet.
Wie groß sind bei einer Frequenz von 1 kHz der Scheinwiderstand und der Phasenverschiebungswinkel zwischen der anliegenden Spannung und der Gesamtstromstärke?

7. Die Leistung eines an 230 V (50Hz) betriebenen Gerätes beträgt 680 W. Es fließt ein Strom von 4,3 A. In der Schaltung befinden sich ein induktiver Blindwiderstand.
a) Berechnen Sie die Scheinleistung und den Leistungsfaktor!
b) Wie groß sind der Wirk- und der Blindwiderstand?
c) Wie groß muss die Kapazität eines zuzuschaltenden Kondensators sein, damit er die Wirkung der Induktivität gerade aufhebt?

8. Wie groß sind im abgebildeten Stromlaufplan
a) die Stromstärken,
b) der Gesamtleitwert und
c) die Leistungen?

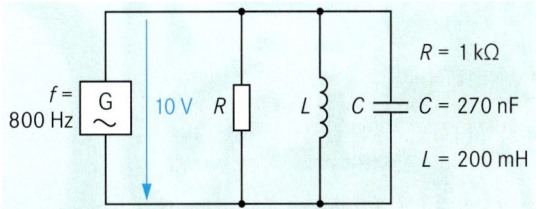

7-Takt-Schalter 17, 19
Ablenkung 35
– Horizontale 35
– Vertikale 35
– Waagerechte 35
– Zeit- 35
Ablesewert 35
Absoluter Fehler 10
Abszisse 41
AC 38
Addition von Zeigern 42
Akkumulator 7, 49
– Blei- 50
– Groß- 50
– Ni-Cd- 49
– Sekundärelement 49
Alkali-Mangan-Zelle 47
Aluminium-Elektrolyt-Kondensator 68
Ampère 8
– André-Marie 8
Amplitudenmaßstab 35
Analoges Messgerät 9 ff.
André-Marie Ampère 8
Ankathete 40
Anwendungssymbol 47
Arbeit
– Elektrische 39
Aufgaben 8
Aufladevorgang beim Kondensator 66 f.
Augenblickswert 37
Ausgangsspule 43
Ausgleichs-
– bestreben 6
– strom 46
Ausschalten von Spulen 56
Außenleiter 43
Auswertung von Diagrammen 15 ff.
Batterie 48
– Fahrzeug- 50
– Flach- 47
– Micro- 47
– Mignon- 47
– Mono- 47
– Normal- 47
– Schadstoffhaltige 50
– schutz 51
– Starter- 50
– Wiederaufladbare 49
– Eigenschaften 47
Bauformen von Kondensatoren 68
Baustellenbeleuchtung 31
Belastung
– Symmetrische 46
– Unsymmetrische 46
Bemessungs-
– kapazität 49, 68
– spannung 68
Betrag 41
Betriebs-
– messgerät 10
– mittel 5
– zustand der Spule 55
Blei- 50
– dioxid 50
– platten 50

– sulfat 50
– Akkumulator 50
Blindleistung 62 f., 70
Blindleistungsfaktor 63
Blindleitwert 65
Blindwiderstand 58
– der Spule 59
– des Kondensators 69
Bogenmaß 40
Bohrsches Atommodell 6
Brücken-
– abgleich 30
– schaltung 30
Charge 49
Chemische Energie 48
Cosinus 40
DC 38
Diagramm 15 ff.
– Linien- 41
– Zeiger- 41
– auswertung 15 ff.
Dielektrikum 67
Digitales Messgerät 9 ff.
Diode 51
Direkte
– Leistungsmessung 21
– Widerstandsmessung 29
Dotierung-
– n- 51
– p- 51
Drehstrom- 43
– Generator 45
– netz 46
Drei-Phasen-Wechselspannung 43 f.
Drossel- 55
– spule 55
Duo-Schaltung 72 f.
Dynamo 7
E-Block 47
Effektivwert 38, 44
Eigenschaften
– Batterie- 47
Eingangsspule 43
Einheiten
– Vorsätze von 8
Einsatzbereich 47
Einschaltvorgang Spule 55 f.
Elektrische
– Energie 5
– Feldkonstante 67
– Feldlinien 66 f.
Elektrischer
– Leitwert 11
– Strom 7
– Widerstand 11
Elektrizitätszähler 12
Elektrochemische Spannungsreihe 48
Elektrochemisches Element 48
Elektrode
– Negative 51
– Positive 51
Elektrolyt 48, 50
Elektron 6
– Freies 7
Elektronen-

– fluss 7
– strahl 35
Element
– Elektrochemisches 48
Elementarmagnete 57
Energie-
– Chemische 48
– dichte 47
– Elektrische 5
– form 7
– quelle 5
– transport 5 ff.
– wandler 5
Entladen 50
Entladevorgang beim Kondensator 67
Entsorgen 48
Entsorgung 50
Ersatzschaltbild 64
Fahrzeugbatterie 50
Farad 66
Faraday 66
Fehler
– Absoluter 10
– Prozentualer 10
– Relativer 10
– art 10
Feldkonstante
– Elektrische 67
– Magnetische 57
Feldlinien
– Elektrische 66 f.
– Magnetische 57
Flachbatterie 47
Fluss
– Magnetischer 36
– änderung 36
Fotovoltaik 51
Freies Elektron 7
Frequenz 37
Gebrauchslage 10
Gegenkathete 40
Gelform 50
Genauigkeit 10
Generator 7
– Drehstrom- 45
– prinzip 36
– Sternpunkt 45
Georg Simon Ohm 11
Gerichtete Bewegung 7
Gesamt-
– innenwiderstand 53
– leitwert 24
– widerstand 24
Giga 8
Gleich-
– spannung 47 f.
– spannungsquelle 7
– strom 47 f.
– stromwiderstand 58
Gradmaß 40
Grenzschicht 51
Großakkumulator 50
Gruppenschaltung 26 f.
Güteklasse 10
HAK 43

Hausanschlusskasten 43
Henry 57
Hertz 37
Hyperbel 18
Hypotenuse 40
Ideale Spannungsquelle 52
IEC-Reihe 68
Impulsbetrieb 50
Indirekte
– Leistungsmessung 21, 38
– Widerstandsmessung 28
Induktion 36
Induktivität 57, 59
Innenwiderstand 28, 53
Innerer
– Spannungsfall 52
– Widerstand 52
Isolationswiderstand 68
Isolator 7
Ist-Wert 10
James Watt 12
Joule 13
Kapazität 47, 66, 67
– Bemessungs- 49
Kenndaten 47
– von Batterien 47
Kenngrößen von Kondensatoren 68
Kennlinie 15 f.
Keramik-Kondensator 68
Kilo- 8
– wattstunde 12
Kirchhoffsches Gesetz 23
Klemmenspannung 52
Kochplatte 22
Kompensation 74
Kondensator- 54 ff., 66 f.
– schaltungen 68
– widerstand 69
Kreisfrequenz 59, 69
Kunststoff-Folien-Kondensator 68
Kurzschluss 52
Laborschaltung 19
Laden 50
– von Akkumulatoren 49
Ladezustand 53
Ladung 6, 66
Ladungs-
– speicher 66
– trennung 6
Leerlauf 52
Leistung 19 f., 62 f., 65
Leistungs-
– kurve 38
– messer 21
Leistungsmessung 21, 38
– Indirekte 21
Leiter 7
– Außen- 43
– Null- 43
– PEN- 43
– länge 32
– querschnitt 32
– spannung 43 f.
– widerstand 32
Leitungswiderstand 31 f.

Leitwert
- Elektrischer 11
- dreieck 65
Leuchtstofflampen-Schaltung 59
Liniendiagramm 41, 60 ff.
Lösungsstrategie 16
Magnetische
- Feldkonstante 57
- Feldlinien 57
Magnetischer Fluss 36
Magnetisierungskennlinie 57
Maximalwert 37, 44
Mega 8
Memoryeffekt 49
Mess-
- bereich 9
- gerät 9
- leitung 10
- spitzen 9
- wert 9
- bereichsschalter 10
- brücke 30
- schaltung 14
Messgerät
- Analoges 9
- Digitales 9
- Spannungs- 9
- Strom- 9
- Vielfach- 9
- Zeiger- 9
- Ziffern- 9
Messung
- der Leistung 38
- von Widerständen 28
Metall-
- bindung 7
- papier-Kondensator 68
Microbatterie 47
Mignonbatterie 47
Mikro 8
Mikrofon 7
Milli 8
Mittelwert
- der Arbeit 39
- der Leistung 39
Momentanwert 37
Monobatterie 47
Monozelle 47
MP-Kondensator 68
Nano 8
Neutralleiter 46
Neutron 6
Normal-
- batterie 47
- laden 49
Null-
- durchgang 37
- leiter 43
- linie 35
Ohm 16
- Georg Simon 11
Ohmsches Gesetz 16 f.
Ordinate 15
Oszilloskop 35, 44
- Zwei-Kanal- 44

Parallelschaltung
- mit R und XC 70 f.
- mit R und XL 64 f.
- mit XC , XL und R 74 f.
- von Widerständen 22 f.
- von Spannungsquellen 53
PE 5
PEN-Leiter 43
Periode 37
Periodendauer 37
Permeabilität 57
Permeabilitätszahl 57
Permittivität 67
Permittivitätszahl 67
Phasenverschiebung 59 f.
Phasenverschiebungswinkel 60
Photon 51
Photovoltaik 51
Piko 8
Platten-
- abstand 67
- kondensator 67
Protection 5
Proton 6
Prozentualer Fehler 10
Prüfspannung 10
Pythagoras 60 f.
Quecksilberoxid-Zelle 47
Quellenspannung 52
- Gesamt- 52
Radiant 40
Reale Spannungsquelle 52
Rechte-Hand-Regel 36
Reihenschaltung
- mit R und XC 70 f.
- mit R und XL 59 f.
- mit XC , XL und R 72 ff.
- von Widerständen 22 f.
- von Spannungsquellen 53
Relativer Fehler 10
Resonanz 73
Richtung 41
Rückleiter 45
Sättigung 57
Schadstoffhaltige Batterie 50
Schaltung von Spannungsquellen
- Parallel- 52
- Reihen- 52
Schaltungen
- mit Kondensatoren 68
- mit Widerständen 22
Scheinleistung 62 f.
Scheinleitwert 65
Scheinwiderstand 58
Schnellladen 49
Schwermetalle 48
Schwingung 37
Selbstinduktion 56
Selbstinduktionsspannung 56
Sieben-Takt-Schalter 17, 19
Siemens 11
Silberoxid-Zelle 47
Sinus- 40
- funktion 41
- kurve 37

Skala 9
Solar-
- modul 51
- zelle 7, 51
Soll-Wert 10
Spannung 6
- Elektrische 6
- Klemmen- 52
- Leiter- 43, 44
- Strang- 43, 44
- Wechsel- 35
Spannungs-
- aufteilung 23 ff.
- dreieck 61
- fall 31
- fehlerschaltung 21, 28
- messer 9
- quelle 52
- regler 51
- reihe 48
- überhöhung 73
- verhalten 52
- verlust 52
- versorgung 43
Spannungsquelle
- Ideale 52
- Reale 52
Spannungsreihe
- Elektrochemische 48
Spezifischer elektrischer Widerstand 32 f.
Spulen- 54 ff.
- widerstand 58 f.
Starter- 55
- batterie 50
Sternpunkt
- Generator- 45
- Verbraucher- 45
Strangspannung 43, 44
Strom
- Ausgleich- 46
- Elektrischer 7
- fehlerschaltung 21, 28
- kreis 5
- laufplan 5
- messer 9
- messprinzip 29
- richtung 36
- stärke 8
- stärkendreieck 64 f.
- überhöhung 74
- verzweigung 23 f.
Stromkreis 5
- Modell 13
Stromrichtung 36
- Technische 7
Subtraktion von Zeigern 42
Symmetrische Belastung 46
Tangens 40
Tantal-Elektrolyt-Kondensator 68
Tastkopf 35
Technische Stromrichtung 7
Tera 8
Thermoelement 7
Tiefentladeschutz 51
Tiefentladung 49
Timebase 35
Toleranz 10
Umgekehrte Proportionalität 18
Unsymmetrische Belastung 46
Var 62
Verbraucher 5
- Sternpunkt 45
Verkettung 46
Verkettungsfaktor 46
Versuchsaufbau 14
Vielfach-Messgerät 9
Volt 6
Volt Ampere 62
Volta
- Alessandro 6
Vorsätze von Einheiten 8
Vorschaltgerät 55
Watt
- James 12
- sekunde 12
- stunde 12
Wechsel-
- größen 40
- spannung 35
- spannungsquelle 7
- stromwiderstand 58
Wert
- Ist- 10
- Soll- 10
Wheatstone-Brücke 30
Widerstand 17
- Elektrischer 11
- Innerer 52
- Spezifisch-elektrischer 32 f.
- der Spule 58 f.
- des Kondensators 69
- und Leistung 19 f.
- und Stromstärke 17 f.
- von Leitern 31 f.
Widerstands-
- dreieck 61
- messgeräte 29
- messung 28
- schaltungen 22 ff.
Wiederaufladbare Batterie 49
Winkeldarstellung 40
Winkelfunktionen 40, 46, 61 ff.
Wirkleistung 62 f.
Wirkleistungsfaktor 63
Wirkleitwert 65
Wirkungskette 18
Wirkwiderstand 58
Zähler 12
Zeiger 41
- Addition von 42
- Subtraktion von 42
- diagramm 41, 46, 60 ff.
Zeitabhängige Größen 41
Zelle
- Alkali-Mangan- 47
- Quecksilberoxid- 47
- Silberoxid- 47
- Zink-Kohle- 47
Zink-Kohle-Zelle 47
Zwei-Kanal-Oszilloskop 44

7-step sequential control switch 17, 19
absolute error 10
absolute value 41
accuracy 10
active power 62 f.
– factor 63
actual value 10
addition of phasors 42
adjacent side 40
admittance 65
– electrical 11
– triangle 65
alkaline-manganese cell 47
alternating
– voltage 35
– voltage source 7
aluminium electrolytic capacitor 68
ammeter 9
ampere 8
– André-Marie Ampère 8
amplitude scale 35
analog measuring instrument 9 ff.
analysis of charts 5 ff.
André-Marie Ampère 8
angle presentation 40
angular frequency 59, 69
application icon 47
balanced load 46
balancing 6
ballast 55
base units
– prefixes of 8
battery 7, 48, 49
– characteristics 47
– electric storage battery 49
– flat type 47
– high capacity 50
– lead-acid 50
– micro 47
– mignon 47
– mono 47
– nickel-cadmium 49
– pollutant containing 50
– protection 51
– rechargeable 49
– standard 47
– starter 50
– vehicle 50
Bohr`s atom model 6
bridge balancing 30
bridge circuit 30
building site electrical ligthing 31
capacitance 47, 66, 67
– rated 49
capacitor 54 ff., 66 f.
– circuits 68
– resistance 69
capacitor charging process 66 f.
cell
– alkaline manganese 47
– mercuric oxide 47
– silver oxide 47
– zinc carbon 47
ceramic capacitor 68
characteristic curve 5 f.

characteristics 47
– of batteries 47
– of capacitors 68
characteristics
– battery 47
charge 6, 66
– separation 6
– state of 53
– storage 66
charging 50
– of batteries 49
chemical energy 48
circuit
– electric 5
– diagram 5
circuits
– with capacitors 68
– with resistors 22
coil 43
coils 54 ff.
– resistance 58 f.
complex power 62 f.
conductance 11, 65
conductor 7
– cross section 32
– length 32
– neutral- 43
– PEN- 43
– phase 43
– resistance 32
connection of voltage sources
– parallel 52
– series 52
constant
– electric (permittivity) 67
– magnetic 57
consumer 5
– star point 45
cosin 40
counter 12
current 7
– branching 23 f.
– circuit 5
– circuit model 13
– direction 36
– electric 7
– equalizing 46
– error circuit 21, 28
– intensity 8
– intensity triangle 64 f.
– measuring principle 29
– rise 74
– technical current direction 7
cycle 37
d.c. 38
deflection 35
– horizontal 35
– time base sweep 35
– vertical 35
degree measure 40
desired value 10
diagram 15 ff.
– diagram analysis 15 ff.
– phasor diagram 41
– waveform 41

dielectric 67
digital measuring instrument 9 ff.
diode 51
direct
– current 47
– current resistance (ohmic resistance) 58
– power measuring 21
– resistance measuring 29
– voltage 47
– voltage source 7
directed movement 7
direction 41
discharge 50
discharging process of capacitors 67
disconnect coils 56
doping
– n- 51
– p- 51
dynamo 7
earth 5
E-block 47
electric flux line 66 f.
electrical energy 5, 39
electricity meter 12
electro chemical element 48
electro chemical series 48
electrode
– negative 51
– positive 51
electrolyte 48, 50
electron 6
– beam 35
– flow 7
– free 7
elementary magnets 57
energy
– chemical 48
– converter 5
– density 47
– electrical 5
– kind of 7
– source 5
– transport 5 ff.
equalizing current 46
equivalent circuit diagram 64
error
– absolute 10
– percentage error 10
– relative 10
– type of 10
exhaustive discharge 49
exhaustive discharge protection 51
experiment 4
experimental set up 14
farad 66
Faraday 66
field of application 47
film capacitor 68
flat type battery 47
fluorescent lamp circuit 59
flux
– change of 36
– magnetic 36
flux field lines
– electric 66 f.

– magnetic 57
fotovoltaic 51
free electron 7
frequency 37
full scale deflection 14
functional chain 18
generator 7
– principle 36
– star point 45
– three-phase 45
Georg Simon Ohm 11
giga 8
group circuit 26 f.
heavy metals 48
Henry 57
Hertz 37
high density battery 50
hotplate 22
hyperbola 18
hypotenuse 40
ideal voltage source 52
IEC-series 68
impedance 58
indirect
– power measuring 21, 38
– resistance measuring 28
inductance 57, 59
induction 36
industrial measuring instrument 10
instantaneous value 37
instrument range 9
insulation resistance 68
insulator 7
internal
– resistance 28, 52, 53
– total internal resistance 53
– voltage drop 52
inversely proportionality 18
item, equipment 5
James Watt 12
joule 13
junction region 51
kilo 8
– watthour 12
kind of gel 50
Kirchhoff`s law 23
laboratory circuit 19
lead 50
– dioxide 50
– plates 50
– sulphate 50
– lead-acid battery 50
line
– coil 43
– diagram 41, 60 ff.
– resistance 31 f.
lines of force 57
linkage 46
– factor 46
load
– balanced 46
– unbalanced 46
lot 49
magnetic
– constant 57

– flux 36
magnetization curve 57
maximum value 37, 44
mean value
– of energy 39
– of power 39
measuring
– bridge 30
– circuit 14
– instrument 9
– lead 10
– of resistors 28
– power 38
– tip 9
– value 9
measuring instrument
– analog 9
– current 9
– digital 9
– industrial 10
– multi function 9
– pointer type 9
– voltage 9
mega 8
memory effect 49
mercuric oxide cell 47
metallic bond 7
metallized-paper capacitor 68
micro battery 47
microphone 7, 8
mignon battery 47
milli 8
mono battery 47
mono cell 47
MP-capacitor 68
multi function instrument 9
nano 8
neutral
– conductor 43, 46
– line 35
neutron 6
no-load operation 52
normal
– battery 47
– charging 49
Ohm 16
– Georg Simon 11
– Ohm`s law 16 f.
ohmmeter 29
operating state of coil 55
opposite side 40
ordinate 15
oscillation 37
oscilloscope 35, 44
– two channel 44
parallel connection
– of resistors 22 f.
– of voltage sources 53
– with R and XC 70 f.
– with R and XL 64 f.
– with XC, XL, and R 74 f.
PE 5
PEN conductor 43
percentage error 10
period of oscillation 37

periodic quantity 40
permiability 57
– relative 57
permittivity 67
– absolute 67
phase
– conductor 43
– shift 59 f.
– to earth voltage 43, 44
– voltage 43, 44
phasor 41
– addition of 42
– diagram 41, 46, 60 ff.
– subtraction of 42
photon 51
photovoltaic 51
piko 8
plate capacitor 67
plates distance 67
pollutant containing batteries 50
position of normal use 10
power 19 f., 62 f., 65
– curve 38
– factor angle 60
power up procedure of coil 55 f.
prefixes of units 8
probe 35
proton 6
pulse operation 50
Pythagoras 60 f.
quality class 10
quick charge 49
ractive power factor 63
radian 40
radian measure 40
range selector switch 10
rated
– capacity 49, 68
– voltage 68
reactance 58
– of coil 59
– of capacitor 69
reactive power 62 f., 70
reactive power compensation 74
reactor 55
reading 35
real voltage source 52
rechargeable battery 49
relative error 10
resistance 11, 17
– and current intensity 17 f.
– and power 19 f.
– circuits 22 ff.
– electrical 11
– internal 52
– measuring 28
– of capacitor 69
– of coil 58 f.
– of conductors 31 f.
– triangle 61
resistance 58
resistivity 32 f.
resonance 73
return conductor 45
right hand rule 36

root-mean-square value 38, 44
saturation 57
scale 9
self-induction 56
self-induction electro magnetic force 56
series connection
– of resistors 22 f.
– of voltage sources 53
– with R and XC 70 f.
– with R and XL 59 f.
– with XC, XL and R 72 ff.
service entrance box 43
seven-step sequential control switch 17, 19
short circuit 52
Siemens 11
silver oxide cell 47
sine 40
– curve 37
– function 41
solar
– cell 7, 51
– module 51
solution strategy 16
source voltage 52
– total 52
star point
– generator 45
– consumer 45
starter 55
– battery 50
style of capacitors 58, 68
subtraction of phasors 42
susceptance 65
TAN function 40
tantalum electrolytic capacitor 68
tasks 8
technical current direction 7
tera 8
terminal voltage 52
test voltage 10
thermocouple 7
three-phase
– alternating voltage 43
– current 43
– current generator 45
– mains 46
time dependent quantity 41
Timebase 35
tolerance 10

total
– admittance 24
– internal resistance 53
– resistance 24
trigonometric functions 40, 46, 61 ff.
twin-lamp circuit 72 f.
two channel oscilloscope 44
unbalanced load 46
value
– actual 10
– desired 10
Var 62
vehicle battery 50
volt 6
Volta
– Alessandro 6
voltage 6
– alternating 35
– behaviour 52
– drop 31
– error circuit 21, 28
– loss of 52
– phase 43, 44
– regulator 51
– rise 73
– sharing 23 ff.
– source 52
– supply 43
– terminal 52
– triangle 61
– voltage (electromotive force) 6
voltage source
– ideal 52
– real 52
volt-ampere 62
voltmeter 9
waste disposal 50
waste managing 48
watt
– James Watt 12
– watthour 12
– wattsecond 12
wattmeter 21
– indirect wattmeter measuring 21
– measuring 21
Wheatstone bridge 20
x-axis 41
zero crossing 37
zinc carbon cell 47

Hinweis: Ziffern vor dem Schrägstrich = Seitenzahl
               Ziffern nach dem Schrägstrich = Bildnummer

Titelbild: IFA-Bilderteam, München-Taufkirchen
Topics:
Kapitel 1: Fotoservice Brandes, Braunschweig
Kapitel 3: Asea Brown Boveri, Mannheim
Kapitel 4: Mario Valentinelli, Vechelde

AKG, Berlin: 6/8; 8/1; 11/2
Altec Solartechnik, Schleiz: 51
Bildarchiv Preußischer Kulturbesitz, Berlin: 12/3
Chauvin Arnoux, Kehl/Rhein: 21/4
EGO, Elektrogerätebau, Oberdedingen: 19/2
Fotostudio Druwe & Polastri, Cremlingen: 5/1; 6/7; 10/1 u. 2; 11/1; 12/2; 29/4; 47/2
Jürgen Klaue, Roxheim: 9/1 u. 2; 14/1; 28/1; 30/1; 35/1 u. 2; 43/1; 44/1; 48; 55/1
Phillips GmbH, Hamburg: 12/1
Dieter Rixe, Braunschweig: 6/1-3, 6/5 u. 6
Siemens Matsushita Components, München: 66/1
Sonnenschein GmbH, Büdingen: 50/1
Temperature Produkts, Gachenbach: 6/4
Westermann Tegra, Braunschweig: 13/1
Harald Wickert, Emmelshausen: 43/2

Zeichnungen, Satz und Layout: Lithos, Grafik & Gestaltung, Braunschweig

Wir danken der Firma Chauvin Arnoux, Kehl/Rhein für die freundliche Unterstützung.

Bildbeschaffung: Heidrun Kreitlow